Die **50** bahnbrechendsten

Erfindungen

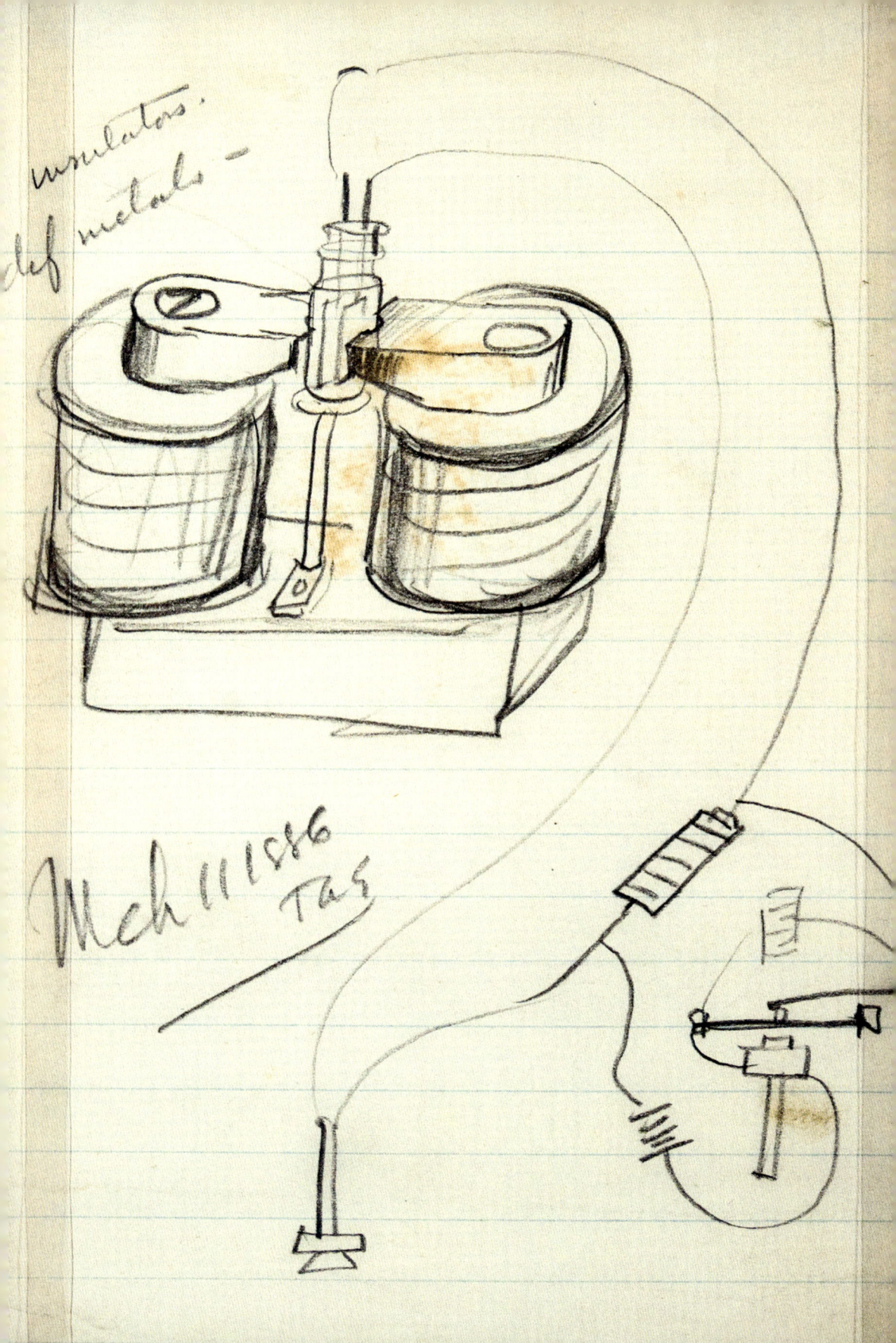

insulators.
of metals —

Mch 11 1886
TAE

Die 50 bahnbrechendsten Erfindungen

Alfried Schmitz

Die 50 bahnbrechendsten

Erfindungen

1 Werkzeuge – wie aus dem Faustkeil der Hammer wurde

Die ersten Werkzeuge der Menschheitsgeschichte lieferte die Natur. Stabile Stöcke boten sich als Jagdwaffen, dicke Steine als Schlagwerkzeuge an. Später wurden diese Ur-Werkzeuge durch Bearbeitung in Wirkung und Handhabung verbessert. Hammer und Beil, wie wir sie heute kennen, lassen sich auf den Faustkeil zurückführen, der vor 1,5 bis zwei Millionen Jahren erfunden wurde.

In Baumärkten ist das Angebot an Werkzeug unüberschaubar groß. Für jede Heimwerker- und Profiarbeit gibt es ein Spezialgerät. Der Hobbyraum unserer Vorfahren in der Steinzeit war bescheidener ausgestattet. Sie nutzten Universalwerkzeuge, die sie vielseitig verwenden konnten. Viele unserer Werkzeuge haben ihren Ursprung in prähistorischer Zeit.

Die Geschichte des Werkzeugs beginnt vor etwa 2,4 Millionen Jahren. Unsere Urahnen waren damals Jäger und Sammler. Sie erlegten Wild, dessen Fleisch unter den Angehörigen der Sippe aufgeteilt werden musste. Außerdem wollten sie das Fell des Tieres zu wärmender und schützender Kleidung verarbeiten. Mit bloßen Händen war das nicht möglich. Sie benötigten Hilfsmittel in Form von Jagdwaffen, Schneide- und Schlagwerkzeugen. Viele praktische Dinge bot die Natur. Handliche Steine, die man im Geröll fand, dienten als einfache Schlagwerkzeuge.

Als ältestes Werkzeug, das durch Bearbeitung entstanden ist, gilt der Faustkeil. Man kann seinen Gebrauch bis in die Zeit vor 1,5 bis zwei Millionen Jahren zurückverfolgen. Faustkeile hatten einen abgerundeten, nicht zu großen Kopf und lagen gut in der Hand. Nach unten hin liefen sie spitz zu. Man bezeichnet den Faustkeil auch als »Schweizer Messer« der Steinzeit, weil er vielfältig eingesetzt werden konnte. Er diente zum Hacken, Schneiden, Schaben oder Schlagen. Für feinere und präzisere Schneidearbeiten

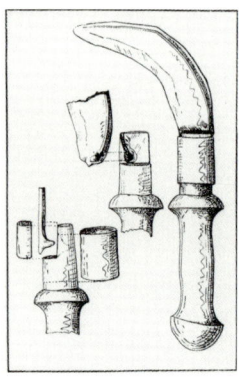

Eine Knopfsichel aus der Bronzezeit. Sie wurde aus verschiedenen Einzelteilen hergestellt. Für die Fertigung der Schneiden in größeren Stückzahlen benutzte man damals schon Gussformen.

Als eines der bahnbrechendsten Werkzeuge der Urmenschen gilt die Sichel. Auch zu ihrer Herstellung wurden Birkenpech als Kleber und Obsidian-Stücke als Schneiden benutzt. Die Sichel ist ein Werkzeug, das für den Ackerbau genutzt wurde. Es gilt daher als ein historischer Beweis dafür, dass die Menschen ihr Nomadenleben aufgaben, sesshaft wurden und Landwirtschaft betrieben.

Bei Ausgrabungen im US-Bundesstaat Texas wurden von Archäologen verschiedene Werkzeuge aus der Steinzeit gefunden und fotografisch dokumentiert. An der unterschiedlichen Form der einzelnen Fundstücke erkennt man, dass die bearbeiteten Steine für verschiedene Arbeiten dienten.

wurde in der Hauptsache Obsidian verwendet, eine Art geschmolzenes Glasgestein, das durch Vulkanausbrüche aus dem Erdinnern geschleudert worden war. Spaltete man diese glasigen Steine, erhielt man scharfe Klingen, die sich gut zum Schneiden von Fleisch und Leder eigneten. Scharfe Obsidian-Bruchstücke dienten auch als Speerspitzen, die man mit Birkenpech, dem Universalkleber der Steinzeit, an geeigneten Stöcken befestigte.

Als man in der Bronzezeit in der Lage war, Erz zu schmelzen, fertigte man Hammerköpfe und Beilschneiden aus Metall. Einen Aufschwung erlebte die Herstellung von Werkzeug in den Hochkulturen der Sumerer, der Griechen und Römer. In den Handwerksbetrieben der Antike gab es eine riesige Palette an speziellen Werkzeugen. Aussehen und Anwendung haben sich seitdem kaum verändert. Antike Hammer und Zangen sehen fast genauso aus wie die heutigen. Nur der Werkstoff Holz wurde im 20. Jahrhundert teilweise durch Kunststoff ersetzt. Der Schraubendreher, wie er heute in keiner Werkzeugkiste fehlen darf, ist übrigens eine Errungenschaft des 17. Jahrhunderts. Durchgesetzt hat sich diese praktische Erfindung aber erst zweihundert Jahre später, als im Zuge der industriellen Fertigung Metallschrauben in Massenproduktion hergestellt werden konnten.

2 Das Feuer – vom Zufall zum Zündholz

Das Feuer kam vermutlich in Form eines Blitzes zur Erde. Für die Menschen der Urzeit war es eine große Aufgabe, diese Gabe der Natur unter Kontrolle zu bringen. Die Nutzbarmachung der Flammen hat das Leben auf der Erde nachhaltig geprägt. Doch es dauerte bis 1844, als ein Schwede die zündende Idee hatte und das praktische Sicherheits-Streichholz erfand.

Ein Leben ohne kontrollierbares Feuer ist undenkbar. Entflammt wurde das Leben der Urmenschen durch die Natur. Es war vermutlich ein Blitzeinschlag, der einst einen Baum in Brand und unsere Vorfahren in Erstaunen versetzte. Es wird unsere Urahnen einige versengte Haare und etliche Brandwunden gekostet haben, bis es so weit war, dass sie das vom Himmel gesandte Feuer für ihre Zwecke nutzen konnten. Das Feuer revolutionierte das Leben der Urmenschen. Es spendete Licht und Wärme und es hielt wilde Tiere von ihren Behausungen ab. Außerdem konnte man auf der Feuerstelle kochen und Fleisch braten. Archäologische Funde beweisen, dass sich bereits vor circa 1,5 Millionen Jahren der *Homo erectus*, das Feuer kontrolliert zunutze machen konnte. Ab wann es der Mensch verstand, Feuer zu machen, wird in Wissenschaftskreisen noch heftig diskutiert. Sicher scheint jedoch, dass die Neandertaler vor rund 40 000 Jahren bereits mit Feuersteinen Funken schlagen konnten, mit denen sie Feuer machten. Die zum Feuermachen nötige Hitze entsteht auch dann, wenn man ein dünnes Rundholz auf ein liegendes Holzstück drückt und das Rundholz zwischen beiden Handflächen schnell hin- und herdreht.

Nachdem die Urmenschen ihre Angst vor dem Feuer verloren hatten, begannen sie damit zu experimentieren. Sie benutzten brennende Äste zum Entfachen von Feuerstellen in den Unterkünften einer Sippe und entdeckten auf diese Weise die Fackel. Sie fanden heraus, dass Holzstöcke, an denen sich Baumharz befand, intensiver und ausdauernder brannten. Den gleichen Effekt konnte man beobachten, wenn tierisches Fett in die Feuerstelle tropfte. So war es nur noch ein kleiner Schritt zu den ersten Talg- und Öllampen. Um das Jahr 20 000 v. Chr. gab es die ersten gut funktionierenden, mit Öl betriebenen Lampen, und Ausgrabungen belegen, dass diese zur Römerzeit bereits in vielfachen Varianten gefertigte Massenprodukte waren. Die ersten Kerzen stammen aus der Zeit um 500 v. Chr. Wachskerzen, wie wir sie heute kennen, wurden im 1. bis 2. Jahrhundert n. Chr. entwickelt.

Eine der wichtigsten Entdeckungen im Zusammenhang mit dem Entfachen von Feuer gelang 1669 dem deutschen Apotheker und Alchemisten Hennig Brand. Er ließ Urin vollständig eindampfen und entdeckte auf diese Weise den leicht entflammbaren weißen Phosphor. Es vergingen fast 150 Jahre, bis man damit Streichhölzer beschichtete. 1805 kam der Franzose Jean-Louis Chancel auf die Idee, Holzspäne an ihrem einen Ende mit einer Mischung aus Kaliumchlorat, Schwefel und wegen der besseren Haftung auch aus Zucker und Gummiarabikum zu beschichten. Diese ersten Zündhölzer entflammte man durch das Eintauchen in Schwefelsäure. Chancel nannte sie daher »Tunkfeuerzeuge«. Mit der gleichen Mischung arbeitete auch der Brite John Walker, der aber schon Glaspapier als Reibfläche benutzte.

1830 griff der französische Chemiker Charles Sauria noch einmal auf weißen Phosphor als Zündmittel zurück. Seine Zündhölzer konnte man schon durch eine leichte Reibung an jedem erdenklichen Stoff zum Entflammen bringen, durch ihre leichte Entflammbarkeit waren sie aber sehr gefährlich. Außerdem verursachte der Phosphor bei den Arbeitern, die damit täglich in Berührung kamen, schwere Krankheiten.

Ein Schwede brachte 1844 die ersten Sicherheitshölzer auf den Markt. Dafür benutzte er den nicht so gesundheitsschädlichen roten Phosphor und versah die Verpackung mit einer Reibfläche – das moderne Zündholz war geboren, allerdings ersetzte man den Phosphor schon bald durch Schwefel.

Für die bequeme, aber längst nicht so romantische Variante des Feuerspenders, das Feuerzeug, nutzt man die uralte Methode des funkenschlagenden Feuersteins, der flüchtiges, leicht brennbares Material entzündet, das dosiert aus einem integrierten kleinen Tank strömt. Meist handelt es sich dabei um Flüssiggas oder Benzin.

In einer Manufaktur in London um 1871 ist die Herstellung von Zündhölzern noch reine Handarbeit, die überwiegend von Frauen und Kindern durchgeführt wird.

3 Das Rad – eine Ur-Erfindung bewegt die Welt

Niemand weiß, wer das Rad erfunden hat, aber ohne diese Erfindung wären viele technische Errungenschaften undenkbar. Autos, Züge, Maschinen, Uhren, überall sorgen große und kleine Räder in allen Ausführungen für Schwung und die nötigen Umdrehungen. Die älteste Abbildung eines einfachen Karrens mit Rädern stammt aus der Zeit um 4000 v. Chr.

Das Rad ist, wie die Beherrschung des Feuers, eine Ur-Erfindung, die zwar keiner bestimmten Person zuzuordnen ist, die aber das Leben und die Entwicklung des Fortschritts entscheidend geprägt und beeinflusst hat. Das Rad hat die Welt wie kaum eine andere Erfindung verändert und in Bewegung gebracht. Bevor man erkannte, dass man die Welt durch Räder und Reifen ins Rollen bringen konnte, hatte man Kufen- oder Schlittensysteme zum Transport von Lasten benutzt. In Gegenden, in denen die meiste Zeit des Jahres Schnee liegt, ist das auch heute noch die vorteilhaftere Transportmethode. Ohne Schnee und Eis jedoch ist der Gleitwiderstand von Kufen zu groß. Die Idee mit dem Rad kam wohl ins Rollen, als die Menschen der Urzeit beobachteten und erkannten, dass Baumstämme, wenn man sie vom Astwerk befreite, an Hängen und Hügeln leicht ins Rollen kamen. Von dieser einfachen Erkenntnis ausgehend, kam man auf die Idee, sperrige Lasten auf Holzrollen zu heben, die man aus Baumstämmen gefertigt hatte. So ließen sich auch schwerste Lasten durch Ziehen und Schieben leicht bewegen. Diese Transportmethode bewährte sich vor allem auf den ägyptischen Pyramidenbaustellen, wo unzählige Steinquader transportiert werden mussten. Ein Arbeitertrupp wurde eingeteilt, um die Steinquader mit Seilen zu ziehen, ein anderer sorgte dafür, dass die Holzrollen immer wieder vorne nachgelegt wurden. Wie eine riesige Raupe be-

Praktisches Kultobjekt aus der Antike. Ein rundes Steinrelief aus dem ägyptischen Dendara-Tempel wurde von späteren Generationen zweckentfremdet und wahrscheinlich als Mühlstein benutzt.

Ein Steinrelief aus der kambodschanischen Tempelanlage Angkor zeigt ein Speichenrad, wie es schon in vorchristlicher Zeit beim Bau von Lastkarren und Streitwagen verwendet wurde.

wegte sich solch ein Transport über extra dafür angelegte Wege. Eine moderne Art dieser Walzentransportmethode wird auch heute noch angewendet. Die Gepäcktransportbänder auf Flughäfen oder Förderrollensysteme in Flaschen-Abfüllanlagen funktionieren nach einem ähnlichen Prinzip.

Aber wieder zurück in die Vergangenheit. Ein wichtiger Entwicklungsschritt war getan, als man auf die Idee kam, die Baumstammwalzen in Scheiben zu schneiden. Man versah diese Scheiben mittig mit einer Nabe und steckte die Räder auf kleine Achsstummel von einfachen zweirädrigen Holzkarren. Der geringe Rollwiderstand ermöglichte es, große Lasten mit wenig Aufwand zu bewegen – damals ein enormer Fortschritt. Zeitgenössischen Darstellungen zufolge kannte man bereits im 4. Jahrtausend v. Chr. vierrädrige Karren. Bestanden die ersten Wagenräder noch aus schweren Vollholzscheiben, so entwickelte man während der Bronzezeit, um 2200 bis 800 v. Chr., Speichenräder, die weniger Gewicht hatten und sich auf den unebenen Pisten als robuster erwiesen. Eine weitere Verbesserung brachte das Beschlagen der Holzräder mit flachen Metallbereifungen.

Je weiter die Technik voranschritt, desto weiter entwickelte sich auch die Qualität der Radherstellung. Im 19. Jahrhundert musste man die Rädertechnik den neuen Erfordernissen des Industriezeitalters anpassen. Als sich die Eisenbahnen als Massentransportmittel für Menschen und Güter durchsetzten, wurden Stahlräder benötigt, die für den Schienenverkehr geeignet waren. Für Fahrräder und Automobile entwickelte man zunächst Hartgummireifen, später luftbereifte Räder.

Ohne die Erfindung des Rades wären viele technische Errungenschaften der Neuzeit und Gegenwart nicht denkbar. Erst das Rad hat den nötigen Schwung gebracht, um Apparaturen und Maschinen anzutreiben, um Fahrzeuge beweglich und den Menschen mobil zu machen. Und auch in der Mechanik und in der Industrie liefe ohne Rad- und Zahnradtechnik nichts wirklich rund.

4 Sprache und Schrift – Verständigung durch Laute und Buchstaben

Die Ägypter verfügten schon im 2. Jahrtausend v. Chr. über eine ausgeklügelte Bilderschrift. Hier eine Wandmalerei aus dem Grabmal von Ramses VI.

Aus tierischen Lauten entwickelten sich über die Jahrtausende komplexe Sprachen. Aus einfachsten Urzeit-Kritzeleien wurden Schriftzeichensysteme, mit denen das Wissen der Welt weitergegeben werden kann. Die Ursprünge unseres Alphabetes datieren auf die Zeit um 1500 v. Chr.

Die Spurensuche zu den Anfängen der Schrift führt in die Zeit vor zwei bis drei Millionen Jahren. Bevor die Menschen eine Schrift entwickelten, entdeckten sie die Möglichkeit, mit dem Mund differenzierte Laute zu erzeugen. Durch das Ausstoßen einfacher Laute und durch Handzeichen konnte man in der Urzeit durchaus eine Gruppe von Menschen auf der Jagd koordinieren und leiten. Und man konnte sein Unbehagen, seine Lust, seine Launen, seine Angst auf primitive Weise, aber verständlich genug zum Ausdruck bringen. Diese Frühform von Sprache war für die Evolution der Menschheit enorm wichtig. Es ist fraglich, ob der Mensch ohne sie in der Lage gewesen wäre zu überleben und sich in der Tierwelt durchzusetzen. Lebenswichtige negative und positive Erfahrungen konnten durch eine Sprache an Stammesmitglieder und an die nächste Generation weitergegeben werden. Anthropologen gehen davon aus, dass schon der *Homo erectus*, vor etwa 1,5 Millionen Jahren die Frühform einer Sprache benutzt hat.

Der zweite Schritt bestand für die Frühmenschen darin, Erfahrungen und Erlebnisse in Form von Malereien und Zeichnungen festzuhalten. In Höhlenmalereien wurden Jagdszenen, Heldentaten oder Naturereignisse dargestellt, und aus diesen Darstellungen entwickelte sich eine symbolhafte Bilderschrift aus für jeden verständlichen Zeichen. Aus dieser einfachen Form der Bilderschrift entwickelte sich ein System von Zeichen, mit denen man sehr komplexe Situationen schildern konnte. Die Ägypter der Antike bedienten sich einer hoch entwickelten Hieroglyphenschrift.

Schnelle Aufzeichnungen waren mit den komplizierten altägyptischen Bilderzeichen kaum möglich. Um möglichst schnell schreiben zu können, wurden die Zeichen mit der Zeit immer weiter abstrahiert. Ungefähr auf das Jahr 1500 v. Chr. lässt sich die Entwicklung eines Alphabetes datieren, das in der syrischen Stadt Ugarit entstand. Dieses Alphabet wurde auch für andere Länder und Kulturkreise maßgeblich. Die Grundlage für die Entwicklung eines Alphabetes ist die Erkenntnis, dass eine Sprache aus verschiedenen, in

Die Abbildung eines Männchens, der Sichel des Mondes, eines Bogens, eines Pfeils und fünf am Boden hingestreckter Tiere sagte etwa aus, dass ein Mann bei Nacht mit Pfeil und Bogen fünf Tiere erlegt hat – ein Held, der die Nahrung für seine Sippe für Tage und Wochen gesichert hat.

Eine ganz besondere Schrift entwickelte der Franzose Louis Braille im Jahr 1839. Durch einen Unfall in seiner Kindheit erblindet, wollte er sich nicht damit abfinden, nicht mehr lesen zu können. Er arbeitete ein System aus, bei dem jeder Buchstabe des Alphabets und jede Zahl durch ein Punktesymbol dargestellt werden konnte. Damit Braille sie ertasten konnte, mussten diese Punkte erhaben gedruckt werden. 1850 wurde diese Blindenschrift offiziell an französischen Blindenschulen eingeführt.

ihrer Anzahl aber begrenzten Lauten besteht. Wie beim Notensystem in der Musik erhielten die einzelnen Sprachlaute eine Bezeichnung und wurden in schriftlicher Form durch ein Symbol dargestellt.

Für die Verbreitung der Schriftzeichen sorgten die Phönizier, ein Volk von Seefahrern. Auch die Griechen übernahmen deren Alphabet, fügten aber die noch nicht vorhandenen Zeichen für die Vokale hinzu. Aus dem griechischen Alphabet entwickelten die Römer ihr eigenes Alphabet, das wir heute noch verwenden. Die chinesischen Schriftzeichen sind noch sehr stark an die ursprüngliche Bilderschrift angelehnt, die um circa 1000 v. Chr. im Reich der Mitte entstanden ist. 800 Jahre später führte man eine Vereinheitlichung der Schriftzeichen durch, sodass sie von den meisten Menschen gelesen werden konnten.

Ein Glücksbringer aus China mit den besten Wünschen als Neujahrsgruß für Freunde, Bekannte und Verwandte. Deutlich zu erkennen sind die Streifen mit den typischen chinesischen Bilderschriftzeichen.

5 Mathematik und Zahlensysteme – mit zehn Fingern fing es an

Das Anstellen einfachster Berechnungen dürfte so alt sein wie die Menschheit selbst. Im Zuge der Evolution und des Fortschritts entwickelte sich der Umgang mit den Zahlen zu einer eigenständigen Wissenschaft, die für fast alle Bereiche des menschlichen Denkens von Bedeutung ist. 1522 sorgte Adam Riese dafür, dass die sperrigen römischen Zahlensysteme den praktischen arabischen Ziffern wichen.

Als die Menschen mit dem Tauschhandel begannen, wurde es nötig, Zählsysteme, Zählhilfen und Zahlensymbole zu erfinden. Vor ungefähr 30000 Jahren wurde daher eine einfache Form der Mathematik eingeführt. Dass man am liebsten in Fünfer- oder Zehnerschritten rechnete, liegt auf der Hand. Den Ursprung des Dezimalsystems können wir an unseren zehn Fingern abzählen. Um Daten auch über einen längeren Zeitraum zu konservieren, ritzte man Kerben in Knochen ein. Bei Ausgrabungen fanden Archäologen einen solchen Zahlenknochen im heutigen Tschechien. Der Fund konnte auf die Zeit um das Jahr 30000 v. Chr. datiert werden.

Es sind aber auch andere Rechenhilfen der Frühzeit bekannt. Bis ins 16. Jahrhundert hinein benutzten die Inka ein Rechensystem, das auf einer dezimalen Knotenschrift basiert. Verknotungen auf verschiedenen Ebenen eines Flechtwerks stehen für bestimmte Zahlenwerte. Ersonnen haben die Inka dieses System um 2500 v. Chr. Im vorchristlichen Ägypten wurde mit Hieroglyphen gerechnet. Die Sumerer nutzten ihre hoch entwickelten Keilschriftsymbole und hatten ein Stellenwertsystem mit Einern, Zehnern und Hundertern. Weniger übersichtlich war die römische Zahlendarstellung. Der Buchstabe I stand für 1, V für 5, X für 10, L für 50, C für 100, D für 500 und M

Aus der Zeit, als im Handel noch mit römischen Zahlen gerechnet wurde, stammt auch der Begriff »Ein X für ein U vormachen«. Gemeint ist mit dem U allerdings nicht der Buchstabe, sondern das römische Zahlensymbol V. Verlängerte man die Schenkel des V nach unten, wurde aus dem V ein X, also aus der Fünf eine Zehn. So konnte man sehr einfach Rechnungen und Belege manipulieren.

für 1000. Die Zahlenwerte wurden aus zum Teil als sehr langen und un-
übersichtlichen Buchstabenkolonnen gebildet.

Wegen der wirtschaftlichen und wissenschaftlichen Fortschritte war die
Zahlenwelt einem ständigen Entwicklungsprozess unterworfen. Um die Vorgänge der Natur zu verstehen, war es nötig, komplexe Berechnungen anzustellen. Die Philosophen der Antike waren oft hervorragende Mathematiker.
Einer der hellsten Köpfe war der griechische Philosoph Pythagoras, der im
6. Jahrhundert v. Chr. lebte. Er wollte den Naturphänomenen durch mathe-
matische Berechnungen und geometrische Darstellungen auf die Spur kommen. Viele seiner Theorien sind heute mathematisches Grundwissen. Eine
der wichtigsten Ziffern, die unscheinbare »Null«, ist um einiges jünger als
die Berechnungen des Pythagoras. Sie wurde erst im 5. Jahrhundert n. Chr.
in Indien eingeführt. Dort hatte man schon die Ziffern 1 bis 9 zur Darstellung
von Zahlen genutzt, aber erst durch die Null war es möglich, große Zahlenwerte unkompliziert darzustellen. Neben dem Rechengenie Pythagoras
haben viele weitere bedeutende Mathematiker ihre Spuren in der Welt der
Zahlen hinterlassen. Zu allgemeiner Berühmtheit hat es Adam Riese (1492–
1559) gebracht. Der »Vater der modernen Mathematik« sorgte 1522 dafür,
dass man sich der sperrigen römischen Zahlensymbole entledigte und die
Ziffern aus dem indisch-arabischen Raum auch in Mitteleuropa einführte.
Grundlegend dafür war sein Buch »Rechenung auff der linihen und federn«.

Links: Ein Holzschnitt
aus dem 16. Jahrhundert
zeigt einen Inka mit
einem Quipu, einem
Zahlenregister in Form
von systematisch
geknoteten Schnüren.

Rechts: Der griechische
Mathematiker und Philo-
soph Pythagoras stellte
nicht nur geometrische
und arithmetische
Berechnungen an,
sondern versuchte auch
Töne und Klänge in ein
mathematisches System
einzuordnen.

6 Haustiere – die Domestizierung von Hund, Katze, Pferd und Kuh

Der treueste Freund des Menschen ist der Hund. Er ist auch das Haustier, dessen Domestizierung am weitesten zurückliegt. Schon die Nomaden der Urzeit haben Wölfe gezähmt, um sie als Jagdbegleiter abzurichten. Unsere beliebte Hauskatze ist ein Erbe der Ägypter, die die Samtpfoten um 2000 v. Chr. als Mäusepolizei einsetzten.

Allein sechseinhalb Millionen Katzen schnurren in deutschen Haushalten. Damit belegen die Samtpfoten knapp vor dem Hund Rang Eins in der Beliebtheitsskala der Haustiere. Ob Katze oder Hund, bei beiden kommt die wilde Herkunft in manchen Situationen noch durch, und zwar neben einigen anderen Urinstinkten vor allem beim Jagdtrieb. Dann sind die Jahrtausende der Domestizierung schnell vergessen.

Das Wort Domestizierung leitet sich vom lateinischen Wort Domus für Haus ab. Die enge Freundschaft zwischen Mensch und Katze währt immerhin schon annähernd 4000 Jahre. Die Ägypter waren es, die die nubische Falbkatze domestizierten. Diese Wildkatzenart gilt als Urahn unserer Hauskatzen. Die Ägypter nutzten die Vierbeiner als listige Wächter über ihre Kornkammern, wo Ratten und Mäuse ihr Unwesen trieben. Sie waren dankbar, dass die Katzen ihre wertvollen Kornvorräte beschützten, erhoben die Mäusepolizisten sogar in den Adelsstand und machten Katzen zu Göttern. Unzählige Katzendarstellungen aus jener Zeit sind erhalten und zeugen von der Katzenverehrung im ägyptischen Reich.

Als eines der ersten domestizierten Wildtiere gilt der Hund, der wie die Katze ebenfalls hohes Ansehen bei den Ägyptern genoss. Vor 15 000 bis 20 000 Jahren soll es erste freundschaftliche Annäherungen zwischen Mensch und Wolf gegeben haben. Manche Wissenschaftler gehen sogar davon aus, dass die Annäherung zwischen Zwei- und Vierbeinern bereits

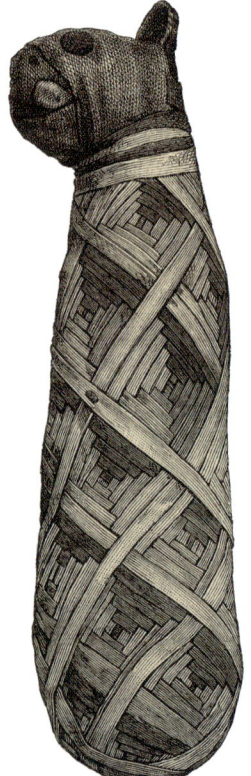

Geschnürte Mumien einer Katze und eines Schakals aus dem alten Ägypten.

vor 100 000 Jahren begonnen hat. Es wird vermutet, dass sich Wolfsrudel Nomadenstämmen angeschlossen haben, in der Hoffnung, in der Nähe des Menschen auf einfache Weise an Nahrung zu kommen. Wahrscheinlich haben sie von den Abfällen gelebt, die Nomadenstämme zurückließen, wenn sie weiterzogen. Durch diese Art der Nahrungsteilung wurden die Tiere allmählich zutraulich und verloren ihre natürliche Furcht vor den Menschen. Es ist denkbar, dass die Jäger und Sammler der Frühzeit kleine Wölfe aufzogen und in ihre Gemeinschaft aufnahmen. Für den Wolf als Rudeltier ist es durchaus naheliegend, sich in die Sozialstruktur von menschlichen Sippen und Stämmen einzufügen. Durch ihren hervorragenden Geruchssinn und ihren natürlichen Jagdinstinkt waren die abgerichteten Wölfe für die Menschen von großem Nutzen. Auch als Wach- und Schutztier konnte der gezähmte Wolf eingesetzt werden. Umgekehrt profitierte auch der domestizierte Wolf von der Partnerschaft mit dem Menschen. Er wurde mit Futter versorgt und hatte einen angenehmeren Schlafplatz als in der rauen Natur.

Wie sich der heutige Haushund in all seinen Rassen entwickelt hat, ist ein ungeklärtes Rätsel der Naturgeschichte. Eindeutig erwiesen ist jedoch, dass er vom Wolf abstammt. Man kennt heute circa 400 verschiedene Hunderassen, die das Ergebnis von künstlichen Züchtungen oder Kreuzungen sind.

Neben Hund und Katze sind Pferde beliebte vierbeinige Gefährten des modernen Menschen, der sie als Nutztiere, vor allem aber als »Sportgeräte« verwendet. Wilde Pferde waren in jener Entwicklungsphase, in der man Wölfe domestizierte, noch reine Beutetiere. Erst als man um 5500 v. Chr. erkannte, dass sie hervorragend als Reit- oder Lasttier einzusetzen waren, begann man damit, sie zu züchten und abzurichten. Kühe, Hühner und Schafe wurden ab 12 000 v. Chr. als Lieferanten von Milch, Eiern, Fleisch oder Wolle gehalten und gezüchtet. Für die Zwecke des Menschen ließen sich aber auch relativ kleine Tiere einsetzen. Schon um 3000 v. Chr. kannte man den Beruf des Imkers, der seine Bienenvölker hegte und pflegte, um süßen Honig zu gewinnen.

Die katzenköpfige Bastet wurde von den Ägyptern als Fruchtbarkeitsgöttin verehrt.

7 Schiffe und Boote – vom Einbaum zum Containerriesen

Heute befahren riesige Supertanker die Weltmeere. Touristenschiffe sind schwimmende Städte, die Komfort und Luxus für Tausende von Passagieren bieten. Begonnen hat die Schifffahrt schon vor rund 40 000 Jahren. Damals höhlten die Menschen Baumstämme aus und gingen damit auf Fischfang.

Die Anfänge der Schifffahrt liegen in der Urzeit. Wie so oft waren es der Zufall und die Entdeckung eines physikalischen Phänomens. Unsere Urahnen stellten fest, dass Holz auf dem Wasser treibt. Diese Erkenntnis machte sich bereits um 40 000 v. Chr. Menschen zunutze, indem sie Baumstämme aushöhlten und diese ersten Boote als praktische Fortbewegungsmittel für den Fischfang nutzten. Angetrieben wurden diese Einbäume durch die Muskelkraft der Menschen. Erste große Ruderschiffe wurden im dritten Jahrtausend v. Chr. in China gebaut. Auch die antiken Kulturen rund um das Mittelmeer setzten auf die Muskelkraft und ließen rudern – meist Sklaven.

Um 1500 v. Chr. entwickelten die Ägypter einen Schiffstyp mit einem Mast, an dem ein rechteckiges Segel an einer Rah befestigt war. So konnte man den Wind als Antriebskraft nutzen. Griechen und Römer bauten auf den Erkenntnissen der Ägypter auf und wurden im Altertum zu Meistern im Schiffsbau. Vorangetrieben wurde die technische Entwicklung durch die Erfordernisse der militärischen Expansion und die Notwendigkeit zur Erschließung neuer Handelswege und Märkte. Auch in den folgenden Jahrhunderten waren es immer wieder diese Gründe, die einzelne Völker zur Entwicklung immer neuer und effizienterer Schiffstypen trieben, so wie die sagenumwobenen Wikinger, die im Mittelalter einen sehr schnellen und wendigen Schiffstyp bauten, mit dem sie ihre Beute- und Eroberungszüge unternehmen konnten. Im Spätmittelalter wurde die Hansekogge zu einem wichtigen Frachtschiff, mit dem Fernhandel betrieben werden konnte. Die Tragfähigkeit der Koggen lag bei 80 bis 200 Tonnen Gewicht. Die Geschwindigkeit betrug zwischen 3,5 Knoten und sechs Knoten. Der Vorteil der Kogge war, dass sie mit kleiner Besatzung große Mengen an Fracht trans-

Das Modell einer römischen Rudergaleere. Der spitz zulaufende Bug diente als Wellenbrecher, aber auch als Rammsporn im Kampf gegen feindliche Schiffe.

portieren konnte. Als man in der Alten Welt aufbrach, um die Neue Welt zu entdecken, waren es wieder Segelschiffe, die das möglich machten. Seefahrernationen kämpften um die Vorherrschaft auf den Weltmeeren. Spanien fällte für seine Flotte, die Armada, die Wälder der Iberischen Halbinsel. Riesige Segelschiffe befuhren die Ozeane. Die mächtigsten unter ihnen, die mit 100 Kanonen und mehr bestückten Linienschiffe, waren rund 70 Meter lang.

Die Erfindung der Dampfmaschine führte schließlich im Schiffsbau zu neuen Entwicklungen. 1807 fuhr der US-Amerikaner Robert Fulton mit einem Raddampfer den Hudson-River hinauf. Mit den Dampfern verloren die Segelschiffe in den Kriegs- und Handelsmarinen immer mehr an Bedeutung. Doch die Dampfschifffahrt hatte zu Beginn ein großes Manko: Maschine und Brennstoff nahmen wichtigen Platz an Bord weg, den die Schiffseigner lieber für Frachttransport genutzt hätten. Durch effizientere Bauweise konnte dieses Problem behoben werden.

Die meisten Schiffe der neuen Generation werden seit dem Zweiten Weltkrieg mit Dieselmotoren angetrieben. Um bei großen Kriegsschiffen wie Flugzeugträgern große Reichweiten zu erreichen, werden sie oft mit einem Dampfturbinenantrieb ausgestattet. Der Dampf wird von einem Kernreaktor erzeugt. Als erstes »Atom-U-Boot« stach 1954 USS *Nautilus* in See. Auch das berühmte deutsche Forschungsfrachtschiff *Otto Hahn* fuhr von 1964 bis 1979 mit Atomkraft. Den Schweröl-Verbrennungsmotor hat die Nukleartechnik allerdings nicht verdrängen können.

In Zeiten, in denen man die Endlichkeit fossiler Brennstoffe berücksichtigen muss, kommt auch der Wind als ergänzende Antriebsenergie für moderne Schiffe wieder in Betracht. Einige Hochsee-Containerriesen sind schon in Betrieb, die zusätzlich zu ihrem Schwerölantrieb mit einem großflächigen Segel ausgestattet sind, das die Windkraft nutzt. Auf diese Weise lassen sich große Mengen fossiler Brennstoffe einsparen.

Eine zeitgenössische Illustration aus dem 15. Jahrhundert zeigt die typischen Koggen. Sie ankern vor der bedeutenden Hansestadt Hamburg.

8 Glas – von der Butzenscheibe bis zum Touchscreen

Aus dem Jahr 1450 v. Chr. stammt das bislang älteste noch erhaltene Glasgefäß. In der Renaissance galt Venedig als Hochburg der Glasherstellung, und die Rezeptur der Grundstoffe war ein streng gehütetes Geheimnis.

Hinweise auf den Ursprung der Glasherstellung führen ins Reich der Sumerer. Viele geniale Errungenschaften der Menschheit wurden dort zum ersten Mal erdacht und hergestellt. Auch die Produktion von Glas scheint dort ihren Anfang genommen zu haben. Das belegen Funde, die sich auf die Zeit um 3500 v. Chr. datieren lassen. Zu wahren Meistern der Glaskunst avancierten die Ägypter. Sie bildeten Edelsteine wie Türkis oder Lapislazuli aus gefärbtem Glas nach. Diese Imitate waren alles andere als billiger Modeschmuck, weil die Herstellung sehr aufwändig war und viel kunsthandwerkliches Geschick erforderte. Auch Glasgefäße konnten die ägyptischen Handwerker herstellen. Der berühmte Glaskelch Tutmosis' III. lässt sich auf die Zeit um 1450 v. Chr. datieren und gilt als das älteste Glasgefäß der Welt.

Die folgenden Hochkulturen der Griechen und Römer entwickelten das Glashandwerk weiter. So wurde das griechische Rhodos im 5. Jahrhundert v. Chr. zu einer antiken Metropole der Glasproduktion. Den besonderen Schliff aber gaben dem zerbrechlichen Material die Römer. In vielen Museen kann man ihre hauchdünnen, farbigen und wunderschön gestalteten Glasprodukte bewundern. Der Bedarf an Glas war im römischen Reich so hoch, dass in allen wichtigen Städten Glashütten entstanden, in denen Flakons, Vasen und Ziergläser in großen Mengen hergestellt wurden.

Wichtig für die Glasverarbeitung im großen Stil war eine Erfindung, die um 200 v. Chr. in Syrien gemacht wurde. Mit der Glasmacherpfeife ließ sich die flüssige Rohmasse zu Formen ausblasen. Diese Pfeife war nichts ande-

> Eine entsprechende Grundformel für die Glasherstellung hinterließ der assyrische König Ashurbanipal um 650 v. Chr. der Nachwelt auf einer Tontafel. »Nimm 60 Teile Sand, 180 Teile Asche aus Meerespflanzen, 5 Teile Kreide – und du erhältst Glas!«

Auch die Herstellung von Spiegeln erforderte besondere Kunstfertigkeit. Spiegel waren zwar schon bei den Phöniziern im ersten Jahrtausend v. Chr. bekannt, aber die Qualität ließ zu wünschen übrig. Wieder waren es die Venezianer, die in der Renaissancezeit eine spezielle Quecksilberbeschichtung entwickelten, mit der sich ein hervorragender Spiegeleffekt erzielen ließ.

Das wichtigste Werkzeug für die Glasherstellung war das Blasrohr. Seine Erfindung machte die Fertigung von filigranen Glaskrügen möglich.

res als ein langes, dünnes Blasrohr aus Eisen. Es war an der einen Seite mit einem hitzeisolierten Mundstück und an der anderen Seite mit einem leicht verdickten Ende versehen, an dem die breiige Glasrohmasse haften blieb. Es kam natürlich auf die handwerkliche Begabung und das Geschick der Glasbläser an, um mit diesem Werkzeug filigrane Kunstwerke zu schaffen.

Mit dem Niedergang des römischen Reiches gab es einen Bruch in der europäischen Glasmacherkunst. Erst im Hochmittelalter kam das Glasbläserhandwerk wieder zur Blüte. Vor allem Venedig wurde berühmt für seine wundervoll gestalteten Glasprodukte. Um die spezielle Rezeptur vor Neugierigen geheim zu halten, siedelte man die Glasmacherbetriebe im 13. Jahrhundert auf der vorgelagerten Inselgruppe Murano an. Auch in vielen anderen Regionen Europas entstanden Glashütten. Wichtigster Standortfaktor war dabei die Verfügbarkeit von Holz für die Brennöfen. In Deutschland fand man daher besonders viele Glasmachereibetriebe in waldreichen Mittelgebirgslandschaften wie Spessart, Schwarzwald, Thüringer Wald oder Bayerischer Wald. Großflächige Glasscheiben konnte man damals noch nicht herstellen. Fenster bestanden aus einzelnen Butzenscheiben, die mit Bleistegen miteinander verbunden wurden.

Die Kunst der Glasbläserei hat sich bis heute erhalten. Gebrauchsglas wird allerdings als Pressglas in Fabriken hergestellt. Die Anwendungsgebiete für Glasprodukte sind vielseitig. Nicht nur Flaschen und Gefäße werden aus diesem Material gefertigt. Dünne Glasfasern dienen in der elektronischen Datenübertragung als Transportmedium. Touchscreens bestehen aus einem dünnen Glasbildschirm, unter dem sich eine leitende Gelschicht befindet.

Glas in all seinen Formen wird heute in fast allen Industriebereichen eingesetzt. Es dient als Sicherheitsglas für Autos, Mehrfachverglasungen schützen unsere Häuser vor Wärmeverlust und auf Glaskeramikfeldern lässt es sich gut kochen. Entwickelt wurde dieses Material für die Weltraumtechnik. Aus der Mischung von Glas- und Keramikanteilen wurde ein Spezialglas entwickelt, das für Weltraumteleskope und Herdplatten taugt.

Die Römer waren wahre Meister der Glaskunst, wie diese grazile römische Glasamphore aus dem 3. Jahrhundert n. Chr. zeigt.

9 Geld – von der Goldmünze zum virtuellen Zahlungsverkehr

Der Tauschhandel bestimmte das prähistorische Wirtschaftsleben. Doch mit der Entwicklung weitreichender Handelsbeziehungen musste ein anderes Zahlungsmittel erfunden werden. Münzgeld und später das Papiergeld erleichterten die geschäftlichen Beziehungen enorm. 1950 eröffnete die erste Kreditkarte die Ära des bargeldlosen Zahlungsverkehrs.

Geld macht nicht glücklich, aber es beruhigt, sagt man. Dabei haben die bunten Papierscheine und die glänzenden Metallscheiben eigentlich nur symbolischen Wert. Geld dient lediglich als Zwischentauschmittel, mit dem man die Dinge kaufen kann, die zur Bedürfnisbefriedigung dienen. Was waren es doch noch für Zeiten, als die Münzen den Materialwert hatten, den ihre Prägung versprach! Kurantwährung nannte man das.

Am Anfang des wirtschaftlichen Lebens stand der Tauschhandel, aber der hatte seine Tücken: Sind zum Beispiel fünf Fische genauso viel wert wie fünf Hasen? Eine Lösung brachte die Einführung sogenannten Naturalgelds. Dazu eigneten sich Dinge, deren Wert innerhalb einer Kultur allgemein anerkannt war, wie Edelsteine, Edelmetalle, seltene Muscheln oder Perlen.

Bevor man Münzen prägte, bezahlte man mit Barren oder Stücken von Edelmetall, die gewogen wurden. Doch schon in den Hochkulturen der Perser, Griechen und Römer hatte sich die Geldwirtschaft durchgesetzt, und die Herrscher verherrlichten sich selbst durch ihr aufgeprägtes Konterfei. Doch mit dem Niedergang des römischen Reiches um 500 n. Chr. brach die Geldwirtschaft zusammen. In den Wirren der Völkerwanderung kehrte man in Mitteleuropa wieder zum Tauschhandel zurück. Als sich die Zeiten be-

Die Vorder- und Rückseite eines Talers aus Straßburg. Die Münze stammt aus dem Jahr 1575, wie die Prägung zeigt. Zu jener Zeit verfügte jede größere Stadt, jedes Fürstentum und Königreich über eine eigene Währung, was den Handel nicht gerade einfach gestaltete.

Geprägte Münzen kamen um 700 v. Chr. auf und zwar im Reich des Königs Kroisos in Kleinasien. Er sorgte für einen großen Fortschritt, indem er die Geldwirtschaft begründete. Er legte fest, dass Materialbeschaffenheit und Wert eines Edelmetallstücks durch eine amtliche Prägung garantiert wurden. Man musste die Münzen nicht mehr wiegen, um ihren Wert festzustellen.

Eine Deutsche Reichs-
banknote aus dem Jahr
1923, ausgestellt auf den
astronomischen Wert
von 20 Millionen Mark.
Zu Zeiten der Inflation
konnte man sich damit
jedoch gerade einmal
einen Kanten Brot
kaufen.

ruhigt hatten, wurde auch das Münzwesen wieder eingeführt. Allerdings hatte nun jedes dieser kleineren oder größeren politischen Einheiten ein eigenes Münzsystem, was den Zahlungsverkehr verkomplizierte. An wichtigen Handelsplätzen behalf man sich mit Währungsumrechnungstabellen, die man in den Wechselstuben auf Tischen ausbreitete und auf denen man die einzelnen Münzen auslegen und ihren Wechselkurs schnell berechnen konnte.

Das Vertrauen der Menschen in Münzgeld aus Edelmetall war hoch, aber es hatte einen Nachteil und das war sein Gewicht. Schon im Mittelalter hatte man deshalb in China mit Banknoten experimentiert. In Europa verbreiteten sie sich erst seit dem 18. Jahrhundert. Diese Papierscheine waren wie Quittungen, gegen die man sich den aufgedruckten Geldwert in Münzen auszahlen lassen konnte. Auch heute noch lagern viele Staaten Goldreserven zur Deckung ihrer Währung ein. Eine Eins-zu-eins-Deckung gibt es jedoch nicht mehr. Die Unterdeckung wird kompensiert durch das Vertrauen in die Stabilität einer Währung und die Wirtschaftskraft eines Landes. Erschüttert wird dieses Vertrauen durch Wirtschaftskrisen. 1923 kam es in Deutschland als Spätfolge des Ersten Weltkriegs zu einer galoppierenden Inflation. Auf dem Höhepunkt dieser Geldentwertung entsprach der Wert einer Goldmark dem einer Billion Reichsmark in Banknoten.

Heute werden Bargeldgeschäfte immer seltener. In den Portemonnaies haben Scheck- und Kreditkarten das Bargeld verdrängt. Selbst beim Einkauf im Supermarkt zieht man immer häufiger Plastikgeld. Die erste allgemein gültige Kreditkarte kam 1950 auf den Markt. Die Scheckkarte verdrängte das Scheckbuch, und im Zeitalter des elektronischen Zahlungsverkehrs setzt sich seit 1996 auch die aufladbare Geldkarte immer mehr durch. Ein elektronischer Chip, der in die Bankkarte eingearbeitet ist, wird mit einem Geldbetrag geladen. An Fahrscheinkarten- oder Parkautomaten können dann die entsprechenden Beträge entladen werden. Größere Rechnungen zahlt man per Onlinebanking durch Überweisungen am Computer. Abgesichert durch Zugangs- und Überweisungscodes, kann man sein Bankkonto virtuell verwalten, ohne eine Bank betreten zu müssen.

10 Die Brille – scharfe Linsen für die Augen

Auf den richtigen Schliff kommt es an, damit man als Weit- oder Kurzsichtiger gut aus der Wäsche schauen kann. Schon in der Antike experimentierten erste findige Köpfe mit geschliffenen Kristallen. Durch sie wurde das einfallende Licht so gebrochen, dass man kleine Schriftzeichen, wie durch eine Lupe, besser lesen konnte. Um das Jahr 1000 n. Chr. setzten sich erste Brillen durch. Heute sind es kleine, hauchdünne Linsen, die einen scharfen Blick ermöglichen.

Man hat es nicht leicht, wenn man älter wird und die Sehkraft nachlässt. Da braucht man eine Sehhilfe oder entsprechend lange Arme, um die Tageszeitung lesen zu können. Als es noch keine geschliffenen Gläser gab, die Abhilfe bei Sehproblemen, wie Kurz- und Weitsichtigkeit schaffen konnten, muss es für unsere Urahnen die reinste Qual gewesen sein, nicht mehr gut sehen zu können. Es konnte sogar lebensbedrohlich werden, wenn die Kraft der Augen nachließ. Man stelle sich einen kurzsichtigen Ritter im Zweikampf vor! Kein Wunder, dass man gerade bei den kriegerischen Wikingern fündig wird, wenn man sich auf Spurensuche in die Geschichte der geschliffenen Glaslinsen begibt. Funde beweisen, dass die mutigen Männer aus dem Norden wohl schon im 11. Jahrhundert mit optischen Hilfsmitteln experimentierten. Man nimmt an, dass sie durch Raub oder durch Handel an die geschliffenen Glaskristalle aus dem europäischen Südosten, Nordafrika und dem vorderasiatischen Mittelmeerraum gekommen sind.

Der Begriff Brille lässt sich vom Namen des Minerals Beryll ableiten, das für den Schliff benutzt wurde. Die Silberfassungen für die optischen Linsen haben die Wikinger wohl selbst hergestellt. Die Qualität der gefundenen Wi-

> Der Begriff »Holzauge sei wachsam«, den man heute immer noch gerne verwendet, stammt übrigens auch aus jener Zeit und hat mit der Linsentechnik wenig zu tun. In die großen hölzernen Tore von mittelalterlichen Burg- und Stadtbefestigungen waren kleine Löcher eingearbeitet, durch die ein Späher nach Feinden und ungebetenen Gästen Ausschau halten musste. Von diesem aufmerksamen Holzauge hing die Sicherheit der Burg- und Stadtbewohner ab.

kinger-Linsen aus dem Mittelalter ist so gut, dass sie sich durchaus mit Produkten der Neuzeit messen können. Allerdings war zu dieser Zeit nur der konvexe Schliff bekannt. Mit den Gläsern aus damaliger Zeit ließ sich also nur die Weitsichtigkeit korrigieren. Kurzsichtigkeit konnte erst später mit der Brille ausgeglichen werden. Das Buch »Schatz der Optik« des arabischen Gelehrten Hassan Ibn Al-Haitham, der sich um das Jahr 1000 n. Chr. mit geschliffenen Gläsern als Sehhilfe beschäftigte, legt nahe, dass das Basiswissen aus dem nordafrikanischen Mittelmeerraum stammt. Im Jahr 1240 wurde dieses Buch von Mönchen ins Lateinische übersetzt und in den Klöstern verbreitet. Durch dieses neue Wissen angeregt, wurden bald in manchen Klöstern durchaus brauchbare Sehhilfen aus geschliffenem Glas hergestellt, die an heutige Brillen-Formen erinnern. In dem Mittelalterkrimi »Der Name der Rose« von Umberto Eco benutzt der Protagonist der Geschichte, der englische Franziskanermönch William von Baskerville, eine frühe Form der Brille.

Eine Zeichnung aus dem Jahr 1583 zeigt einen Mann bei der Lektüre eines Buches. Auf seiner Nase trägt er eine Sehhilfe, die schon sehr den Brillen der Gegenwart ähnlich sieht.

Eine andere Brillenspur führt ins antike Ägypten. Hieroglyphen berichten schon im 6. Jahrhundert v. Chr. davon, dass man vergrößernde Linsen bei der Arbeit oder beim Lesen nutzte. Diese Vergrößerungsgläser der Antike waren noch sehr einfach gearbeitet und wurden nicht in Form von Brillen genutzt, die man sich auf die Nase setzen konnte, sondern wie Lupen eingesetzt, durch die man Schriftzeichen besser erkennen und lesen konnte. Auch dem klugen griechischen Physiker Archimedes von Syrakus sagt man

Benjamin Franklin ist nicht nur einer der Gründerväter der Vereinigten Staaten von Amerika. Er erfand auch die erste Brille, die bei Weit- und Kurzsichtigkeit zur gleichen Zeit eingesetzt werden konnte.

nach, dass er sich um 200 v. Chr. sehr intensiv mit der Erforschung der Linsenoptik beschäftigt habe, und vom blutrünstigen und größenwahnsinnigen römischen Kaiser Nero, der von 54 bis 68 regierte, wird berichtet, dass er bei seiner Lieblingsbeschäftigung, dem Besuch von Gladiatorenkämpfen, Augengläser benutzte, um das Gemetzel in der Arena besser verfolgen zu können. Bei dem exzentrischen Herrscher sollen es geschliffene grüne Smaragde gewesen sein, die er sich vor die Augen hielt. Vielleicht nutzte er die Edelsteine aber auch als eine Frühform der Sonnenbrille, weil das blendende Licht sein Vergnügen am blutigen Spektakel beeinträchtigte.

Das Geheimnis der optischen Glaslinsen liegt in ihrem besonderen Schliff und in der Qualität der verwendeten Gläser. Meister in der Herstellung der ersten wirklich guten Sehhilfen waren die Glasexperten aus Venedig, die schon im 13. Jahrhundert über das dafür nötige handwerkliche Geschick verfügten. Der klare Durchblick hängt davon ab, ob die Gläser konvex, also erhaben, oder konkav, also nach innen gewölbt gearbeitet sind. Dadurch ergibt sich eine Korrektur, die entweder der Kurz- oder der Weitsichtigkeit entgegenwirken kann. Die ersten Augengläser, die bei beiden Augenschwächearten halfen, eine Bifokalbrille, wurden von einem der Gründerväter der USA, Benjamin Franklin, entwickelt. Um 1784 kam er auf die Idee, für beide Augen jeweils zwei unterschiedlich geschliffene Brillengläser in ein Gestell montieren zu lassen. Von Weit- und Kurzsichtigkeit gleichermaßen geplagt, war es ihm einfach zu lästig, laufend die Brillen wechseln zu müssen. Das erste Gleitsichtglas, in dem beide Schliffe in einem Glas kombiniert wurden, wurde 1959 in Frankreich auf den Markt gebracht.

Große Erleichterung, und das im wahrsten Sinne des Wortes, brachte für Brillenträger die Erfindung der Kunststoffgläser, die das schwere Glasmaterial ersetzten. Immer mehr Verbreitung finden die modernen harten und weichen Kontaktlinsen, die auf der Flüssigkeit des Auges schwimmen. Sie bieten den besten Tragekomfort und sind besonders auch für Sportler geeignet. Als Modegag lässt sich mit speziellen farbigen Linsen sogar die Augenfarbe des jeweiligen Trägers verändern.

Geschliffene Gläser können aber weitaus mehr, als nur Weit- und Kurzsichtigkeit ausgleichen. In ein Mikroskop eingebaut, ermöglicht die ausgeklügelte Linsentechnik, kleinste Objekte in vergrößerter Form sichtbar zu machen. Es war ein Segen vor allem für die aufkeimende Biologie- und Medizinwissenschaft zur Renaissancezeit, als man um 1600 die Möglichkeit der Mikroskopie erfand. Und auch die Astronomen jener Zeit profitierten von der neuen Errungenschaft der Linsentechnik, denn so konnten sie weit entfernte Objekte im All beobachten. Auch der englische Franziskanermönch Roger Bacon (1214 bis 1292 oder 1294) war begeistert von den Glaslinsen und ihren Einsatzmöglichkeiten. Der Mathematiker und Astronom beschäftigte sich sehr intensiv mit der Optik und pries die neue technische Errungenschaft, die er auch für auch seine wissenschaftliche Forschungsarbeit einsetzte.

Das Fernglas fand natürlich auch bald für militärische Zwecke Verwendung, anfangs in monokularer, später meist in binokularer Ausführung. Die heute noch gebräuchliche Bezeichnung »Feldstecher« deutet auf die militärische Nutzung der Ferngläser in der Vergangenheit hin.

»Wir können durchsichtigen Körpern eine solche Gestalt geben …, dass wir ein Ding nahe und in der Ferne sehen können. So können wir auch die Sonne, den Mond und die Sterne zu uns herabsteigen lassen.«
Roger Bacon

11 Der Kompass – die Nadel zeigt nach Norden

In alter Zeit waren es die Sterne, die den Seefahrern den Weg wiesen. Genauer ließ sich der Kurs eines Schiffes mit dem Kompass bestimmen. Etwa seit dem Jahr 1100 hat dieses nautische Gerät Einzug an Bord der Schiffe gehalten. Heute sind Schiffe mit modernster Navigationselektronik ausgerüstet.

Ein Kompass ist eine tolle Sache. Seine Nadel zeigt stets nach Norden. Schon in antiker Zeit wussten die Griechen, dass sich kleine Splitter des Magneteisensteins in Nord-Süd-Richtung ausrichten. Seeleute nutzten diese Erkenntnis und führten um das Jahr 1100 sogenannte nasse Kompasse an Bord ihrer Schiffe mit. Nass wurde das Orientierungssystem genannt, weil die Kompassnadel in einer Wasserschale schwamm, um sich unbeeinflusst bewegen zu können. Rund 100 Jahre später entwickelte man den Trockenkompass, bei dem die Nadel auf einem kleinen Stift saß.

Der Kompass macht sich die Eigenschaft der Erde zunutze, dass die Magnetstärke an den Polen doppelt so hoch ist wie in Äquatornähe. Dadurch bleibt der Nadel, die auf die Magnetfeldstärke und auf die positive und negative Polung reagiert, nichts anderes übrig, als sich dementsprechend auszurichten. Dass der geografische Nordpol eigentlich der magnetische Südpol ist und umgekehrt der geografische Südpol der magnetische Nordpol, tut der Funktion des Kompasses keinen Abbruch.

Lange bevor man den Erdmagnetismus als Orientierungshilfe nutzte, versuchte man Lage und Position durch die Beobachtung der Gestirne zu bestimmen. Zunächst verließ man sich auf den Stand der Sonne. Anhand von Sonnenstandstabellen konnte man seinen ungefähren Aufenthaltsort herausfinden. Viele Grundkenntnisse der Navigation stammen aus vorchristlicher Zeit, aber ihre Blüte erlebte sie im Zeitalter der Entdecker im 15. Jahrhundert. Neben dem Kompass wurden damals auch noch andere Geräte entwickelt. Eines davon ist der Jakobsstab oder Gradstock. Er wurde in der Seefahrt, bei der Landvermessung und in der Astronomie zur Winkel- und Streckenmessung verwendet. Eine Weiterentwicklung des Jakobsstabs ist der Sextant. Dieses Gerät hat seinen Namen von seiner typischen 60-Grad-Skalierung. Es ist mit einem kleinen Fernrohr und einer Spiegelvorrichtung ausgestattet, um Horizont, Sterne und Sonne anzupeilen und so den Standort zu berechnen. Hand-

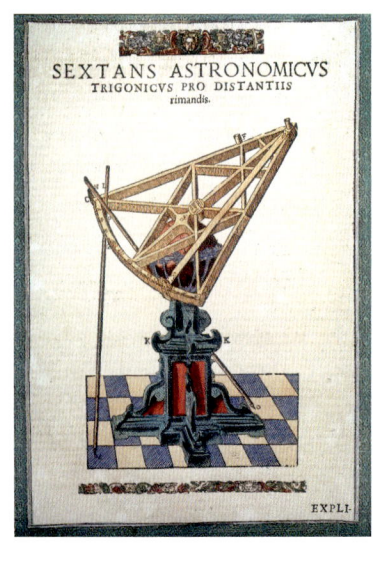

Eine zeitgenössische Darstellung aus dem 16. Jahrhundert zeigt, wie mit der Jakobsstab zu astronomischen Berechnungen und zur Landvermessung eingesetzt wurde.

Rose des vents.

Ein großer Kompass,
»Rose des vents« –
»Windrose« genannt,
wie er auf französischen
Kriegsschiffen um 1850
zum Einsatz kam.

habung und Berechnungsmethodik sind eine Wissenschaft für sich. Der Umgang mit dem Sextanten gehört heute nicht mehr zur Pflichtausbildung in der Berufsschifffart.

Auch die Zeitmessung war ein wichtiger Faktor zur Bestimmung des Schiffskurses. Hatte man die Zeit zuvor anhand des Sonnenstandes festgelegt, konnte man durch präzise Chronometer genaue Zeitwerte ermitteln. Um 1760 hatte der englische Uhrmacher John Harrison einen Hochleistungschronometer gebaut. Solch einen Zeitmesser hatte auch der legendäre Seefahrer James Cook an Bord, als er 1772 zu seiner berühmten Südsee-Expedition aufbrach. Cook war dadurch in der Lage, genaue Karten von seiner Seereise anzufertigen und die neu entdeckten Landstriche darin zu vermerken. Heute übernehmen Radar, Funkpeilungen und Satellitennavigation die Positionsbestimmung im Schiffsverkehr und bei der Luftfahrt.

Immer noch Pflicht ist hingegen das Führen eines Logbuches. Darin werden wichtige Informationen über die Route des Schiffes und wichtige Ereignisse an Bord festgehalten. Seinen Namen hat das Schiffstagebuch von einem Holzscheit, Log genannt, das man an einer langen Schnur hängend neben dem fahrenden Schiff durch die Hände ins Wasser gleiten ließ. In der Leine befanden sich in regelmäßigen Abständen Verknotungen. Mit Hilfe einer Sanduhr und durch das Zählen der Knoten, die einem in einer bestimmten Zeit durch die Hand glitten, legte man die Geschwindigkeit des Schiffes fest, die noch heute in Knoten gemessen wird.

12 Der Buchdruck – eine Reproduktionstechnik verändert die Welt

Texte in gedruckter Form zu vervielfältigen löste eine kulturelle Revolution aus, die bis heute nachwirkt. Es war 1450 die Erfindung der Buchdruckkunst durch Johannes Gutenberg, die es möglich machte, Bücher in großer Auflage herzustellen.

In der Frühgeschichte der Menschheit wurde Wissen durch das gesprochene Wort von Generation zu Generation weitergegeben. Seit es in den Hochkulturen der Antike, bei den Persern, Ägyptern, Griechen oder Römern, üblich wurde, Informationen in schriftlicher Form festzuhalten, arbeitete man daran, diese Informationen zu vervielfältigen. Das war nötig, um Gesetze oder wichtige Regierungsentscheidungen bekannt zu machen. In Schreibsälen arbeiteten viele Menschen daran, Texte auf Papyrusrollen zu übertragen – eine müheselige Arbeit, die aber bald dadurch vereinfacht werden konnte, dass man Textteile in Stempel ritzte und mit Farbe auf Papyrus oder Pergament übertrug. Diese Stempeldrucktechnik hielt sich bis ins frühe Mittelalter. Auch die Mönche, die in den Schreibstuben der Klöster, den Scriptorien, die Bibel oder andere kirchliche Bücher kopierten, nutzten vorgefertigte Textstempel bei ihrer Arbeit. Meist waren es die aufwändig gestalteten Initialen am Anfang der Seiten oder Kapitel, die man auf diese Weise einfach duplizieren konnte und nur noch farbig ausmalen musste.

In China pflegte man seit dem 6. Jahrhundert n. Chr. Texte in leicht zu bearbeitende Holztafeln einzuritzen, die erhabenen Teile mit Tinte zu schwärzen und auf Papier zu drucken. Schon um 1040 war ein erfindungsreicher chinesischer Schmied auf die Idee gekommen, einzelne Schriftzeichenvorlagen aus gebranntem Ton herzustellen und zum Drucken zu benutzen. Dieser Technik stand jedoch die Vielzahl der chinesischen Schriftzeichen im Wege. Die Übersichtlichkeit des lateinischen Alphabets machte es einfacher, neue Reproduktionstechniken für Texte zu erfinden, vor allem als man begann, Buchstabenvorlagen aus Blei fürs Drucken herzustellen. Blei ließ sich schnell zum Schmelzen bringen und in Buchstabenformen gießen.

Optimiert wurde das Verfahren durch den Mainzer Goldschmied Johannes Gutenberg (1400–1468). Er erfand um 1450 nicht nur die beweglichen und austauschbaren Metall-Lettern, sondern auch eine spezielle Tintenmischung, die er streng geheim hielt. Damit nicht genug, baute er auch noch die erforderliche Druckpresse. Den abzudruckenden Text fügte man in Spiegelschrift-Bleilettern in einen Druckstock ein, benetzte die erhabenen Buch-

Johannes Gutenberg
lebte von 1400 bis 1468.
Der Mainzer gilt als der
Erfinder des Buchdrucks.

staben mit Druckerschwärze und presste mit hohem Druck Papier auf den
Text. Mit dieser Technik konnte man pro Tag bis zu 3600 Seiten drucken.

Die Entwicklung Gutenbergs läutete eine neue Ära ein. Bücher konnten
preisgünstig gedruckt werden und hielten auch in den Haushalten einfa-
cherer Menschen Einzug. Erste Bestsellerautoren, wie der Gelehrte Erasmus
von Rotterdam, brachten es auf Auflagen von 750 000 Exemplaren. Auch auf
die Religion hatte Gutenbergs Erfindung weitreichende Auswirkungen. Die
von Martin Luther ins Deutsche übersetzte und 1452 von Gutenberg ge-
druckte Bibel machte die Heilige Schrift nun auch Bevölkerungskreisen zu-
gänglich, die weder Latein konnten noch über die Mittel verfügten, eine
Handschrift zu erwerben. Auch für das Entstehen der ersten Zeitungen zu
Beginn des 17. Jahrhunderts war die Erfindung Gutenbergs eine wichtige
Voraussetzung. Mit den Jahren wurde die Buchdrucktechnik immer weiter
modernisiert und optimiert. Heute werden Texte mit dem Computer erstellt
und die Seiten im Offset- oder einem anderen modernen Druckverfahren
in beliebig hohen Auflagen kopiert.

13 Astronomie und Astrologie – der Griff nach den Sternen

Der Blick zum Himmel hat die Menschen seit jeher in den Bann gezogen. Astrologen sehen eine Beziehung zwischen dem menschlichen Schicksal und dem Lauf der Gestirne. Astronomen versuchen wissenschaftliche Erkenntnisse über die Entstehung des Universums zu erhalten. Einer der wichtigsten Forscher auf diesem Gebiet war Nikolaus Kopernikus. 1509 stellte er die These auf, dass nicht die Erde, sondern die Sonne der Mittelpunkt unseres Planetensystems sei.

Das heliozentrische Weltbild des Kopernikus rückte zu Beginn des 16. Jahrhunderts die Sonne in den Mittelpunkt unseres Planetensystems.

Die Astronomie gilt als die älteste aller Wissenschaften. Kein Wunder, denn nichts liegt näher, als sich mit den fernen Sternen zu beschäftigen. Schon seit

ewigen Zeiten hat es die Menschen fasziniert, was sie beim Blick in den Himmel gesehen haben: eine gleißend helle Sonne, die Licht und Wärme spendet, ein geheimnisvoller Mond, der mal voll, mal halb und mal gar nicht zu sehen ist, und dann die unendlich vielen glitzernden Punkte am Firmament.

Bevor man intellektuell und technisch in der Lage war, die Beobachtungen durch die Astronomie wissenschaftlich zu erklären, war es eher die naive Phantasie, die beim Blick zum Himmel angeregt wurde. Weil man sich das, was weit über den Köpfen der Menschheit vor sich ging, rational nicht erklären konnte, begann man Himmelserscheinungen durch Mythen, Märchen, Aberglauben und religiöse Deutungen für den menschlichen Geist fassbar zu machen. Die markanten Sternenkonstellationen deutete man als Bilder, wie »Großer Wagen«, »Großer Hund«, »Leier« oder die bekannten zwölf Sternzeichen wie »Krebs«, »Waage«, »Skorpion«, »Jungfrau«, »Stier« usw. Auch der Lauf der Gestirne, die Regelmäßigkeit von Tag und Nacht, die verschiedenen Jahreszeiten sowie die Mondphasen beschäftigten die Menschen sehr. Sie brachten auffällige Naturphänomene auf der Erde in direkten Zusammenhang mit Himmelsereignissen und erkannten beispielsweise bald, dass Ebbe und Flut etwas mit dem Mond zu tun haben mussten. Dass die Anziehungskraft des Mondes die Ursache war, konnten sich die Menschen damals noch nicht erklären. Bewiesen wurde das erst 1687 durch Isaac Newtons Gravitationsberechnungen.

Wenn die Gestirne die Macht hatten, das Wasser des Meeres zu bewegen, dann mussten sie auch in der Lage sein, das Leben auf der Erde zu beeinflussen. Das war der weit verbreitete Glaube, bevor man die Himmelsphänomene wissenschaftlich erklären konnte. Sternendeuter versuchten ihre Himmelsbeobachtungen und das menschliche Schicksal in einen logischen Zusammenhang zu bringen. Aus ihren Erkenntnissen suchten sie Schlüsse zu ziehen, die für das Leben der Menschen von Bedeutung sein konnten. Die Astrologen, wie man diese Sternendeuter nannte, genossen großes Ansehen. Auch heute ist die Zahl der Menschen, die sich von seriös arbeitenden Astrologen oder Zeitungshoroskopen beeinflussen lassen, sehr hoch.

Die Astronomie versucht, mit den Methoden der Mathematik und Physik die Entstehung des Kosmos zu erklären. Zunächst hielt man die Erde für den Mittelpunkt des Universums, um den sich auch die Sonne drehte – eine Vorstellung, die sich bis in die Renaissancezeit hielt. Um die Vorgänge am Himmel zu beobachten, zu dokumentieren und zu verstehen, baute man

»Die ... oberste von allen Sphären ist die der Fixsterne, die sich selbst und alles andere enthält. Es folgt als erster Planet Saturn, der in dreißig Jahren seinen Umlauf vollendet. Hierauf Jupiter mit seinem zwölfjährigen Umlauf. Dann Mars, der in zwei Jahren seine Bahn durchläuft. Den vierten Platz in der Reihe nimmt der jährliche Kreislauf ein, in dem ... die Erde mit der Mondbahn ... enthalten ist. An fünfter Stelle kreist Venus in neun Monaten. Die sechste Stelle schließlich nimmt Merkur ein, der in einem Zeitraum von achtzig Tagen seinen Umlauf vollendet. In der Mitte von allen aber hat die Sonne ihren Sitz ... So lenkt die Sonne, gleichsam auf königlichem Thron sitzend ... die sie umkreisende Familie der Gestirne. Auch wird die Erde keineswegs der Dienste des Mondes beraubt, sondern der Mond hat mit der Erde die nächste Verwandtschaft.«
Johannes Kepler

schon in vorchristlicher Zeit frühe Formen von Observatorien. Das Interesse an der Himmelskunde zog sich dabei durch alle Kulturen. Völker in Europa, Ägypten, China oder im süd- und mittelamerikanischen Raum bauten Kultstätten, die streng nach den Gesetzmäßigkeiten von Himmelserscheinungen errichtet wurden. Die berühmte Megalithstruktur von Stonehenge in England oder die Kreisgrabenanlage bei Goseck in Sachsen-Anhalt wurden in der Jungsteinzeit um 3000 bzw. um 5000 v. Chr. errichtet. Beide Anlagen sind baulich nach markanten Sonnenständen ausgerichtet und dienten als Kultstätten.

Eine neue Ära der Himmelsbeobachtung, die der Astronomie weitreichende Erkenntnisse brachte, setzte mit der Erfindung der Teleskope ein. Renommierte Astronomen wie Johannes Kepler oder Galileo Galilei wollten durch ihre Beobachtungen beweisen, dass die Erde lediglich Teil eines Planetensystems ist, in dessen Mittelpunkt die Sonne steht. Auch Nikolaus Kopernikus (1473–1543) vertrat diese Auffassung. Er stellte seine Theorie erstmals 1509 auf. Kurz nach seinem Tod 1543 wurde sein Werk »De Revolutionibus Orbium Coelestium« gedruckt und veröffentlicht.

Das neue heliozentrische Weltbild erschütterte die Glaubensfundamente der katholischen Kirche. Die Kirchenführung übte massiven Druck auf Kepler und Galilei aus und verbot die Veröffentlichung ihrer wissenschaftlichen Schriften. Auf Dauer jedoch ließ sich die moderne Wissenschaft nicht unterdrücken. Dass die Erde keine Scheibe, sondern ein kugelförmiges Gebilde ist, hatten schon griechische Philosophen im Altertum behauptet. Beweisen ließ sich diese Theorie nicht nur durch den wissenschaftlichen Blick in den Himmel, sondern auch durch die Seefahrer, die mit ihren Schiffen die Welt erkundeten und bei ihren Reisen weit über den vermeintlichen Rand der Erde fuhren, ohne dabei ins Bodenlose zu stürzen.

All diese Erkenntnisse revolutionierten die Wissenschaft und leiteten das Zeitalter der Aufklärung ein. Man wollte die Rätsel der

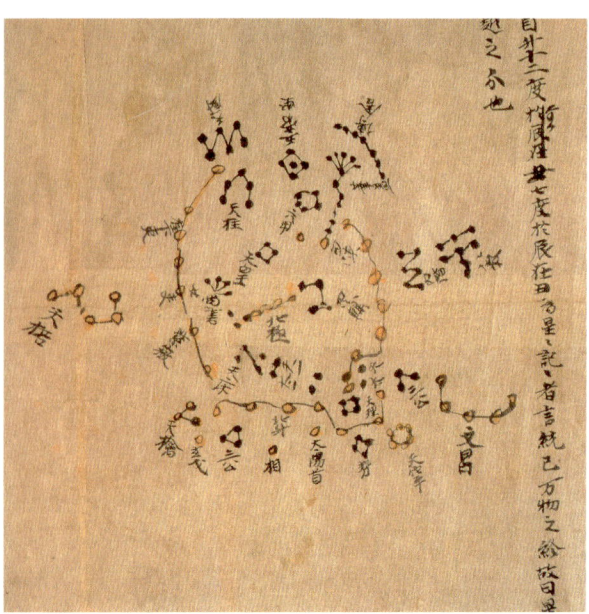

Diese chinesische Darstellung verschiedener Sternbilder aus dem 7. Jahrhundert v. Chr. zeigt markante Konstellationen am Himmel.

Natur ergründen. Dabei spielte die Astronomie eine bedeutende Rolle. Die ständige Verbesserung der Teleskope erlaubte es den Wissenschaftlern, immer tiefer ins All hinein zu blicken und neue Erkenntnisse zu gewinnen. Nicht nur riesige Teleskopanlagen erforschen das Weltall von der Erde aus, auch Satelliten sammeln heute wichtige astronomische Daten. Seit 1990 kreist das Weltraumteleskop »Hubble« um die Erde. 2009 wurde mit »Herschel« ein neues Weltraumteleskop ins All geschossen. Als Trägerrakete diente die europäische Ariane-5-Rakete. »Herschel« ist mit modernster Teleskop-Technik ausgestattet, die es erlaubt, in unvorstellbar weit entfernte Sphären vorzudringen, die von der Erde aus nicht mehr zu beobachten sind. Vom Blick in eine Entfernung von zehn Milliarden Lichtjahren erhoffen sich die Astronomen wichtige Erkenntnisse über die Entstehung des Kosmos. »Herschel« ist bei seiner Arbeit nicht allein. Begleitet wird das Weltraumteleskop vom Kollegen »Planck«. Dieses zweite Teleskop soll die kosmische Hintergrundstrahlung erkunden, die als Überbleibsel des Urknalls gilt, durch den das gesamte Universum vor mehr als 14 Milliarden Jahren entstanden sein soll. Die Namen Herschel und Planck sind nicht zufällig gewählt. Beide sind wichtige Wegbereiter der modernen Astronomie. Der 1738 in Hannover geborene Friedrich Wilhelm Herschel erforschte den Weltraum mit selbst gebauten Teleskopen und entdeckte dabei den Planeten Uranus. Max Planck, 1858 in Kiel geboren, lieferte im Bereich der Physik und Mathematik wichtiges Basiswissen für die Erkundung des Weltalls.

Das Weltall birgt viele erstaunliche Phänomene – hier eine Spiralgalaxie. Das ist ein eigenständiges Sternensystem, dessen Mittelpunkt aus älteren Sternen besteht.

14 Kalender – von Tagen, Wochen, Monaten und Jahren

Es war der Blick in den Himmel, der die Menschen dazu bewog, das Leben auf der Erde in Tage, Wochen, Monate und Jahre einzuteilen. Sonne, Mond und Sterne haben die Grundlage für das Zeitsystem geschaffen, aus dem 1582 der Gregorianische Kalender geworden ist, wie wir ihn heute kennen und weltweit verwenden.

Die Einteilung unserer Zeitrechnung in Tage, Wochen und Monate hängt mit dem Lauf der Gestirne zusammen. Nicht umsonst erinnert das Wort Monat an das Wort Mond. Bei der Einteilung eines Jahres in zwölf Monate haben sich die Menschen nach dem Lauf des Monds um die Erde gerichtet. Eine Mondphase dauert 29,5306 Tage. Das Jahr definiert sich über die Dauer eines Umlaufs der Erde um die Sonne, und 24 Stunden benötigt die Erde, um sich um die eigene Achse zu drehen. Auch regelmäßig wiederkehrende Naturphänomene auf der Erde hatten Einfluss auf die Zeiteinteilung. Im alten Ägypten waren es die Überschwemmungsperioden des Nil. Fast exakt alle 365 Tage trat der Fluss über seine Ufer und hinterließ fruchtbaren Schlamm, wenn er wieder in sein Bett zurückgekehrt war. Diesem Rhythmus der Natur passten die Bauern ihre Feldarbeit an und bestimmten danach ihren Jahreskalender. Die Sumerer lebten nach einem Mondphasenkalender. Die Hochkultur aus dem Land zwischen Euphrat und Tigris hat schon im 3. Jahrtausend v. Chr. die Monatslängen von 29 bzw. 30 Tagen eingeführt.

Der Kalender, nach dem wir heute unser Leben ausrichten, ist der gregorianische Kalender, der in seiner Grundform auf den römischen Staatsmann Julius Cäsar zurückgeht und seinen Ursprung im Jahr 46 v. Chr. hat. In diesem Jahr veranlasste Cäsar eine Reform des bis dahin geltenden Kalendersystems, dessen Genauigkeit nicht mehr ausreichte. Cäsar bestimmte, dass das Jahr in zwölf Monate von Januar bis Dezember einzuteilen war. Seine Einteilung des Jahres und der Länge der einzelnen Monate richtete sich nicht nach den Mondphasen, sondern nach der Sonne. Daher galt ab sofort eine Jahreslänge von 365 Tagen und sechs Stunden. Um für diese sechs Stunden Überhang eine vernünftige Lösung zu finden, entschied sich Cäsar dafür, alle vier Jahre ein Schaltjahr einzuführen und den Monat Februar um einen Tag zu verlängern. Ein Zeitunterschied von elf Minuten und 14 Sekunden zum exakten Sonnenjahr sorgte jedoch dafür, dass Cäsars Kalender dem tatsächlichen astronomischen Jahr vorauseilte. Das macht alle

128 Jahre genau einen Tag Unterschied aus. Die Folge war, dass sich der Tag des Frühlingsanfangs immer weiter verschob. Für die katholische Kirche war die Genauigkeit der Zeitrechnung wegen der religiösen Feste jedoch sehr wichtig. Daher gab Papst Gregor XIII. gegen Ende des 16. Jahrhunderts zwei renommierten italienischen Astronomen den Auftrag, neue Berechnungen anzustellen und Vorschläge auszuarbeiten, wie man den Fehler im Zeitsystem beheben könnte. Nach Beendigung des Forschungsauftrages verfügte Gregor XIII. eine Reform des Kalenders. Um die aufgelaufene Zeitdifferenz zu beheben, mussten volle zehn Tage sofort übersprungen werden. So folgte auf den 4. sofort der 15. Oktober 1582. Um nicht wieder eine ähnlich große Berechnungsdifferenz

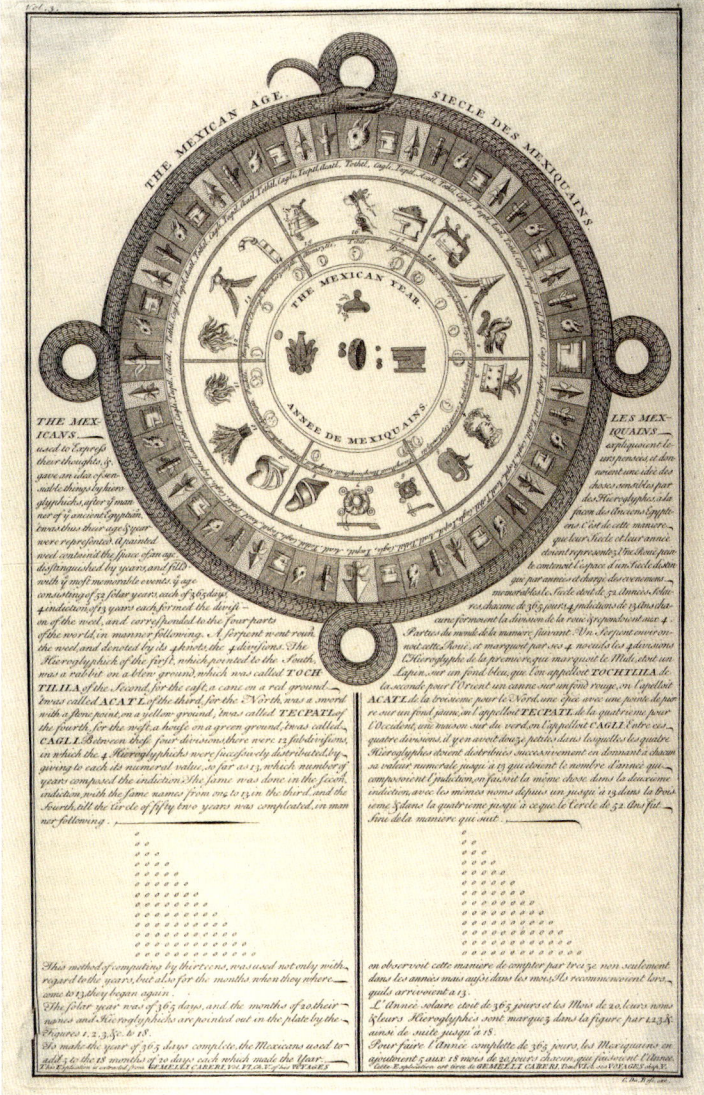

auflaufen zu lassen, wurde außerdem festgelegt, dass die Jahre 1700, 1800 und 1900 keine Schaltjahre sein sollten. Die gleiche Regelung findet auch für die Jahre 2100, 2200 und 2300 Anwendung, in denen es ebenfalls keinen 29. Februar geben wird.

Seit der gregorianischen Kalenderreform fällt der Frühlingsbeginn immer exakt auf den 21. März. Der Kalender des Papstes wurde freilich nicht von allen Ländern sofort übernommen. Denn weil die Reformidee vom Oberhaupt der katholischen Kirche kam, verweigerten sich die protestantischen Fürstentümer und Königreiche zunächst dieser Neuordnung. Heute aber ist der gregorianische Kalender die maßgebliche Jahreseinteilung und dient als international gültige Termingrundlage.

Der mexikanische Kalender teilte das Jahr um 1000 n. Chr. in 18 Monate mit jeweils 20 Tagen ein. Die fünf restlichen Tage galten als Unglückstage.

15 Die Toilette – das stille Örtchen bekommt Wasserspülung

Die Entwicklungsgeschichte des Klosetts zog sich über die Jahrhunderte. Schon in der Antike gab es einfache Vorläufer der heute gebräuchlichen Toiletten. Im dunklen Mittelalter gab es einen Rückschritt in der Klo-Kultur. Die Straßen der Städte verkamen zu stinkenden Kloaken. Mit der Erfindung einer Toilette mit Wasserspülung hielt 1775 wieder der Fortschritt Einzug in die WC-Welt.

Es gibt viele Begriffe für den Ort, an dem Menschen ihre Notdurft verrichten: Abort, WC, Latrine, stilles Örtchen oder das lateinische Wort Lokus. Der Begriff Toilette leitet sich von dem französischen Wort für das große Tuch ab, hinter dem man sich beim »Müssen« abschirmte. In China wird das Klosett asiatisch höflich »Halle der inneren Harmonie« genannt. Die Bezeichnung »00« stammt aus dem Hotelgewerbe. Da die Gästezimmer durchnummeriert werden, erhielten die stillen Örtchen einen nummerischen Sonderstatus, damit sich niemand in der Zimmertüre irrte.

Ob 00 oder Toilette, jeder Mensch verbringt im Durchschnitt ein Jahr seines Lebens auf dem Klo. Dass man sich zum Verrichten des Geschäftes seit Urzeiten lieber zurückzieht, liegt in der Natur der Sache. Die Körperausscheidungen riechen unangenehm und ziehen lästiges Ungeziefer an. Bei Vorkommen menschenfressender Raubtiere konnte es sogar lebensgefährlich sein, wenn diese die Witterung von menschlichen Siedlungen über die Ausscheidungen ihrer Bewohner aufnehmen konnten. Nutzte man in prähistorischen Zeiten stille Plätze im Dickicht abseits der Behausungen, so

Das Sprichwort »Geld stinkt nicht« hat seinen Ursprung im alten Rom. Da man Urin als Gerbemittel für Leder nutzte, wurden an öffentlichen Plätzen in römischen Städten Tongefäße aufgestellt, in denen das kostbare Nass gesammelt wurde. Auf diese besondere Form der öffentlichen Toiletten erhob der findige Kaiser Vespasian (Regierungszeit 69–79 n. Chr.) eine Latrinensteuer, die er Kritikern gegenüber mit dem berühmten Satz »Pecunia non olet« – »Geld stinkt nicht« – rechtfertigte. In Paris tragen die Männerpissoirs noch heute den Namen »Vespasiennes«.

Eine antike römische Toilettenanlage aus Ostia zeigt, dass man damals auch auf dem stillen Örtchen gerne in Gesellschaft war.

entwickelte sich das »stille Örtchen« im Lauf der kulturellen Evolution zu einem Lokus der besonderen Art. Hervor taten sich dabei vor allem die Hochkulturen. In Indien gab es schon 3000 v. Chr. Sitztoiletten. Die festen und flüssigen Körperausscheidungen wurden durch Rohre an den Außenwänden der Häuser zu Abflusssystemen geführt. Damit die Sitzungen bequem abgehalten werden konnten, waren die Toilettensitze auch damals schon dem Hinterteil angepasst. Die Sumerer sollen schon eine frühe Form der Wasserspülung benutzt haben. Auch bei den Ägyptern und Griechen ging es auf dem stillen Ort sehr gesittet zu. Weniger still, sondern vielmehr recht kommunikativ verrichteten die Römer ihre Notdurft. Sie nutzten die Toiletten als Treffpunkt. In solchen Latrinae Publicae saß man in fröhlicher Runde beisammen und plauderte über Beruf, Politik und Privates. Ein ständig zirkulierendes Wasserrinnsal spülte die übelriechenden Körperausscheidungen fort.

Im Mittelalter war von Klo-Kultur keine Rede mehr. In den Städten war es üblich, die Nachttöpfe einfach auf der Straße zu entleeren. In den Burgen des Mittelalters ging es etwas gesitteter zu. In den Mauern hatte man Erker eingelassen, die als Toiletten dienten. Die Ausscheidungen fielen durch Öffnungen direkt in den Burggraben. Mit dem Ausklingen des Mittelalters entwickelte sich wieder eine Toilettenkultur. Ende des 16. Jahrhunderts baute der Engländer John Harington im Auftrag von Königin Elisabeth I. ein erstes Klosett mit Wasserspülung in eines ihrer Schlösser ein. 1775 war es der findige Uhrmacher Alexander Cummings, der die Toilette mit Wasserspülung weiterentwickelte. Er ergänzte sie durch ein gekrümmtes Abflussrohr, den Siphon. Damit konnte er die Geruchsprobleme lösen. Aber erst Mitte des 19. Jahrhunderts setzte sich die praktische Erfindung durch. Heute sind der luxuriösen Ausstattung des stillen Örtchens kaum noch Grenzen gesetzt. Vom gepolsterten Sitz über alle möglichen Dekors bis hin zu Lautsprecheranlagen. Die werden in Japans öffentlichen Toiletten genutzt, um mit Musik peinliche Nebengeräusche zu übertönen.

Der Engländer Sir John Harington gilt als der Erfinder der Wasserspülung. Queen Elizabeth I. war überaus »amused« über diesen Fortschritt.

16 Porzellan – zerbrechlich, kostbar, schön

Die Chinesen gelten als die Erfinder des weißen Goldes, das durch die Seefahrer auch nach Europa gelangte. Ein gekröntes Haupt aus Sachsen hatte besonderen Gefallen an dem fragilen Material gefunden und wollte selbst Porzellan herstellen. In Meißen wurde schließlich 1709 das erste Porzellan auf europäischem Boden hergestellt.

Der sächsische König August der Starke (1670–1733) liebte Prunk und Pomp. Aber seine Vorliebe für schöne Dinge verschlang viel Geld. Daher beauftragte der Sachsenkönig einen Alchemisten, Gold auf künstlichem Wege herzustellen, um damit seine leeren Kassen zu füllen. Dem König war zu Ohren gekommen, dass sich ein gewisser Johann Friedrich Böttger damit brüstete, er verfüge über die Fähigkeit, das kostbare Edelmetall herzustellen. Als aber alle Versuche Böttgers fehlschlugen, wurde der König zornig. Doch Böttger hatte Glück. Der Gelehrte Ehrenfried Walther von Tschirnhaus war gerade damit beschäftigt, ein anderes Rätsel zu lösen. Er versuchte sich daran, das kostbare und beliebte Porzellan herzustellen, das man aus China einführen musste. Für seine Arbeit brauchte von Tschirnhaus noch einen Assistenten, und Böttger schien der geeignete Mann. 1709 gelang es den beiden tatsächlich, die Grundstoffe für die Herstellung von Porzellan zu finden und ein erstes Gefäß zu fertigen. Als von Tschirnhaus ein Jahr später starb, übernahm Böttger allein die Forschungsarbeiten und baute schließlich 1710 im sächsischen Meißen eine Porzellanmanufaktur auf, die noch heute einen weltweit guten Ruf genießt.

Was das »weiße Gold« so beliebt bei den Fürsten jener Zeit machte, waren seine Schönheit und Seltenheit. Die Chinesen hatten das kostbare Material schon tausend Jahre vor den Sachsen entdeckt. In

August der Starke von Sachsen war ein großer Liebhaber von feinem Porzellan.

den Westen gelangten erste Porzellanstücke durch die Abenteurer und Entdecker, die mit ihren Schiffen
aufbrachen, um neue Kontinente zu
ergründen. Der legendäre Kaufmann
Marco Polo brachte um 1300 Porzel-
lanteller von seiner Chinareise mit
und berichtete von dem edlen Material, das die Chinesen als Tafelgeschirr
benutzten. Wunderbare und filigrane
Motive von Drachen, Fischen, Menschen, Dörfern und Pflanzen zierten

die Porzellanstücke. Diese für die westliche Welt exotischen Darstellungen
aus einem fernen Land machten das Porzellan aus China für die Europäer
noch interessanter und kostbarer.

Chinoiserien kamen bei den Reichen vor allem des 18. Jahrhunderts in
Mode. Jeder Fürst, der etwas auf sich hielt, richtete sich in seinem Schloss
einen Raum ein, der mit Papiertapeten, Lackarbeiten, chinesischen Möbeln
und Porzellan dekoriert war. Herstellungsverfahren und Rezeptur des Por-
zellans wurden von den Chinesen streng geheim gehalten. Also lohnte es
sich durchaus, eigene Forschungen anzustellen, um hinter das Porzellan-
Geheimnis zu kommen. Als der Code schließlich geknackt war, entstanden
in vielen europäischen Metropolen Porzellanmanufakturen.

Der Name Porzellan leitet sich vom italienischen Wort porcellano ab. So
bezeichneten die Italiener ursprünglich das Gehäuse der Kaurimuschel, die
eine hell glänzende Schale zeigt – optische Eigenschaften, die auch das Porzellan aufweist. Weil man damals dachte, dass die Chinesen zur Herstellung
ihres edlen Geschirrs zermahlene Kaurimuschelschalen verwendeten, hielt
man diesen Namen für passend. Hergestellt wird Porzellan aus einer Mischung von Kaolin, also Porzellanerde bzw. Porzellanton, unter Zugabe der
Mineralien Feldspat und Quarz. Das Mischungsverhältnis, die Brenndauer
und die Zusammensetzung der Glasuren sind bei den Keramikproduzenten
wohl gehütete Betriebsgeheimnisse. Als weltweit bekannte und anerkannte
Hochburg der Porzellanherstellung gilt immer noch das sächsische Meißen,
die Stadt, in der Walter von Tschirnhaus und Johann Friedrich Böttger 1709
das erste Porzellan auf europäischem Boden herstellten.

Kostbares Porzellan aus
deutscher Fertigung mit
dem berühmten Zwiebel-
musterdekor. Die Teile
stammen aus dem
letzten Viertel des
19. Jahrhunderts.

Wundervolle Farben und
phantasievolle Orna-
mente – ein chinesischer
Porzellankrug aus dem
17. Jahrhundert.

17 Der mechanische Webstuhl führt zu sozialen Spannungen

Schon in der Jungsteinzeit nutzen die Menschen einfache Webtechniken. Nachdem die Webstuhltechnik viele hundert Jahre nahezu unverändert geblieben war, setzte ab dem 18. Jahrhundert eine wahre Innovationsflut ein. Aus dem einfachen Webstuhl wurde 1733 eines der ersten Hightech-Geräte. Doch die Fortschritte führten auch zu Problemen.

Hölzerne Webrahmen in einfacher Form wurden schon um 6000 v. Chr. benutzt. Da es beim Weben darum geht, Garne haltbar miteinander zu verbinden, mussten zunächst diese Garne zur Verfügung stehen. Daher verlief die Entwicklung der Spinn- parallel zu jener der Webtechnik. Flachs und Tierhaare dienten seit der Steinzeit als Grundstoff für die Herstellung von fortlaufenden Fasern, die mit Hilfe einer Spindel zu langen Garnfäden verarbeitet wurden. Beim Arbeiten mit einem Webstuhl werden längslaufende Kettfäden mit Querfäden verbunden. So entsteht ein haltbares Kreuzgeflecht.

Schon in der Antike kannte man in Ägypten, Griechenland und Rom gut funktionierende Webstühle, mit denen man Stoffbahnen herstellen konnte. In ihrer Form und in ihrer Funktion waren diese Geräte schon so effizient, dass man sie in kaum veränderter Ausführung bis weit ins Mittelalter nutzte. Anfang des 18. Jahrhunderts kam Bewegung in die Webstuhltechnik. Verschiedene Tüftler beschäftigten sich damit, die Webstuhltechnik zu optimieren, um schneller höherwertige Tuche herstellen zu können. Der Engländer John Kay entwickelte 1733 den Schnellschusswebstuhl. Hatte man zuvor die Fäden mit sogenannten Schiffchen per Hand seitlich durch die Kettfäden geführt, wozu zwei Weber nötig waren, so sparte die neue Technik eine Arbeitskraft ein. Die Weber waren von Kays Erfindung wenig begeistert. Sie fürchteten um ihre Arbeitsplätze. Doch der Fortschritt ließ sich nicht aufhalten. Einen Schritt weiter ging Kays Landsmann Edmond Cartwright. Um den Webvorgang zu automatisieren, entwickelte er einen Webstuhl, den man mit einer Handkurbel antreiben konnte. Im zweiten Entwicklungsschritt wollte Cartwright den Webstuhl von einer Dampfmaschine antreiben lassen. Aber diese moderne We-

Ein Webstuhl von Jacquard – Hightech im 19. Jahrhundert.

bereimethode war nicht rentabel. Noch war der Einsatz menschlicher Arbeitskraft billiger als der Bau teurer Prototypen. Dennoch ging die von Cartwright entwickelte »Power Loom« in die Geschichte ein.

Auch in Frankreich versuchte man die Webereitechnik durch neue Ideen anzukurbeln. Der Franzose Jacques de Vaucanson war ein Meister der Mechanik. 1745 entwickelte er einen ersten vollautomatischen Webstuhl, der allerdings wenig Beachtung fand. Erst als 60 Jahre später Joseph-Marie Jacquard seine Erfindung optimierte, war die Zeit reif für einen neuen Webstuhltyp, der die Textilindustrie revolutionierte. Jacquard führte die Lochkartentechnik ein. Diese Lochkarten enthielten Informationen, die nötig waren, um komplizierte Webmuster herzustellen. Jacquards Webstuhl war die erste programmierbare Industriemaschine. Kaiser Napoleon, gegenüber neuen Ideen stets aufgeschlossen, unterstützte Jacquard. Obwohl die Technik bei den Webern auf großen Widerstand stieß, waren 1812 allein in Frankreich schon 18000 Jacquard-Webstühle in Betrieb.

Die Innovationen im Bereich der Webstuhltechnik wurden zum Symbol für ein neues Zeitalter. Durch die Neuerungen wurden Arbeiter zu Handlangern der Maschinen, ihr Lohn gekürzt. 1844 kam es zum legendären schlesischen Weberaufstand. Die Weber gingen auf die Straßen, demonstrierten, stürmten Industriellenhäuser und zerstörten das Mobiliar. Schließlich schritt das Militär ein. Die Situation eskalierte. Elf Menschen wurden erschossen, 24 verletzt. Gerhart Hauptmann thematisierte diese Ereignisse 50 Jahre später in seinem Sozialdrama »Die Weber«.

18 Das Thermometer – Fahrenheit, Celsius & Co.

Es gibt keinen Haushalt, der ohne Thermometer auskommt. Ob als Messinstrument für die Außentemperatur, als Anzeige an der Kühltruhe oder als Ausstattung im Apotheken- schränkchen, das Thermometer ist aus unserem Alltag nicht wegzudenken. Diese wichtige Erfindung hat gleich mehrere Väter. Der bekannteste heißt Anders Celsius. Der entwickelte 1742 seine heute noch gebräuchliche Temperaturmessung.

Das ernsthafte wissenschaftliche Interesse an exakten Temperaturmessun- gen begann mit dem Zeitalter der physikalischen Forschungen, mit der Ära der Aufklärung, als man dem Naturphänomen auf die Spur kommen wollte. Einer der Wissenschaftler, die mehr wissen wollten, war der schwedische Astronom, Physiker und Mathematiker Anders Celsius, der 1701 in der Universitätsstadt Uppsala geboren wurde. Er beschäftigte sich intensiv mit der Wärme- und Kälteforschung und erfand eine besondere Temperatur- Mess-Skala und die nach ihm benannte Einteilung in Celsius-Grade. Seine Arbeit beruhte auf Beobachtungen und Erfahrungen, die er bei seinen Wär- meversuchen gemacht hatte. 1742 führte er seine weltbekannte Tempera- turskala ein, bei der die Temperaturdifferenz zwischen zwei Konstanten, dem Siede- und dem Gefrierpunkt von Wasser, in 100 Grade eingeteilt wird. In der ersten Version, die Celsius präsentierte, hatte der Schwede den Sie- depunkt noch bei null Grad und den Gefrierpunkt bei 100 Grad festgelegt. Erst kurz nach seinem Tod, 1744, wurden diese Eckwerte miteinander ge- tauscht und die Celsius-Skala eingeführt, wie wir sie heute kennen: mit dem Nullpunkt und den Minusgraden am unteren und dem Siedepunkt am obe- ren Ende.

Fortschrittlich war aber nicht nur die Forschungsarbeit von Anders Cel- sius auf dem Gebiet der Temperaturmessung, fortschrittlich war auch seine Idee, sein Thermometer als international gültige Skala einzuführen, um überall auf der Erde mit vergleichbaren Temperatureinheiten arbeiten zu können. Ihm ging es dabei weniger um persönlichen Ruhm als vielmehr um eine Vereinfachung der Forschungsarbeit auf internationaler Ebene – glo- bales Denken im 18. Jahrhundert. Das Messgerät von Celsius sah fast schon genauso aus wie jedes handelsübliche Thermometer heute. Auf einer fla- chen Holzlatte war ein dünnes Glasgefäß angebracht, in dem sich Queck- silber befand. Je nach Temperatureinwirkung dehnte sich das Quecksilber

Der Franzose René-Antoine Ferchault de Réaumur (1683 bis 1757) benutzte für seine Temperaturskala Alkohol als Wärmeindikator. Sein Name ist in Vergessenheit geraten.

aus und stieg nach oben oder es zog sich zusammen und fiel nach unten. Auf einer neben dem Glasbehälter aufgezeichneten Stricheinteilung konnte man je nach Quecksilberstand die entsprechenden Celsiusgrade ablesen. Das Originalthermometer von Celsius kann heute übrigens im Museum der Universität von Uppsala bestaunt werden.

Das flüssige Silber, wie Quecksilber früher wegen seines Aussehens genannt wurde, hat Eigenschaften, die es zum idealen Temperaturindikator machen. Quecksilber ist das einzige Metall, das in seinem Normalzustand flüssig ist. Seine thermische Ausdehnung verläuft proportional zur Temperatur. Außerdem benetzt Quecksilber nicht den Glaskörper. Man kann den Pegelstand also gut ablesen.

Mit Weingeist, einer weniger gefährlichen Substanz als das sehr giftige Quecksilber, arbeitete der deutsche Physiker Daniel Gabriel Fahrenheit, als er seine ersten Temperaturmesser baute. Der 1686 in Danzig geborene Wissenschaftler gilt neben Celsius als einer der bedeutendsten Pioniere der Thermometrie. Die Entwicklung von Messinstrumenten aller Art hatte es ihm angetan, aber im Bereich der Temperaturmessung erwarb er sich besondere Verdienste. 1714 wechselte Fahrenheit ebenfalls vom Weingeist auf den besseren Wärmeindikator Quecksilber. Den Nullwert definierte er nicht als Gefrierpunkt von Wasser, sondern bestimmte ihn durch den Gefrierpunkt einer Spezialmischung aus Eis und Salz. Da dieser bei –17,8 °C liegt, baut sich die Fahrenheitskala anders auf als die von Celsius. Für Fahrenheit war der Gefrierpunkt von Wasser,

Der schwedische Astronom, Physiker und Mathematiker Anders Celsius ist wohl der bekannteste Pionier der Wärmemessung.

also der Übergang vom flüssigen in den festen Aggregatzustand, ein wichtiger Wärmeindikator. Auf seiner Fahrenheitskala definierte er diesen markanten Punkt als 32 Grad. Einen weiteren markanten Punkt, die Körpertemperatur des Menschen, legte er bei 96 Grad Fahrenheit fest. In den USA vertraut man lieber auf die Fahrenheitwerte des Danziger Physikers als auf die Celsiusgrade des Schweden.

Neben den beiden gebräuchlichen Wärmewertskalen Celsius und Fahrenheit wird in der Wissenschaft auch mit Kelvin-Graden gearbeitet. Dieser Begriff geht auf den britischen Physiker William Thompson, den 1. Baron Kelvin (1824–1907) zurück, der den absoluten Nullpunkt, der bei minus 273,15 Grad Celsius liegt, als Basis für seine Skala verwendete.

Vor den beiden bahnbrechenden Temperaturmesstechnikern Celsius und Fahrenheit hatte sich auch schon das Universalgenie Galileo Galilei mit einer Apparatur zum Messen von Wärme beschäftigt. Er wie auch verschiedene andere Wissenschaftler im 17. Jahrhundert bauten ihre Versuche auf der Ausdehnung von Luft auf und nutzten damit Erkenntnisse, die schon in der Antike gewonnen worden waren, als man mit sogenannten Thermoskopen erste Versuche anstellte. Bereits im 2. Jahrhundert n. Chr. hatte der griechische Arzt und Naturforscher Galenos eine noch sehr grobe Temperaturskala erstellt, die er von gefrorenem bis hin zu kochendem Wasser in acht »Grade der Hitze und Kälte« einteilte.

Heutzutage kommt kein Wissenschafts- und Industriebereich ohne genaueste Wärmemessung aus. Viele chemische Prozesse sind von präziser Wärme- und Kältesteuerung abhängig. Geringste Abweichungen führen zu Fehlerquoten bei der Fertigung und können hohe Kosten verursachen. In Industriebetrieben und in Forschungslaboren wird daher heute mit modernsten Wärmemessgeräten und Messmethoden gearbeitet.

Aber mit welchen zeitgemäßen Methoden die Wärme auch immer gemessen wird, Celsius und Fahrenheit sind stets dabei. Der 1744 verstorbene Schwede achtete im Gegensatz zu anderen Wärmeforschern bei der Bestimmung seiner maßgeblichen Temperatur-Fixpunkte auch auf den Luftdruck, der bei seinen Probemessungen herrschte. Da sich Luftdruckschwankungen auf den Aggregatzustand des Wassers auswirken, definierte er die Gültigkeit seiner Skala bei einem Luftdruck von 760 mm Quecksilbersäule. Erst 1948 wurde dem schwedischen Gelehrten zu Ehren auf der Generalkonferenz für Maß und Gewicht die Temperaturskala in Celsius-Skala umbenannt.

Nicht nur im medizinischen Bereich verwendet man mittlerweile aus Gründen der genauen Temperaturbestimmung berührungslose Thermometer, die ihre Messwerte über die elektromagnetische Eigenstrahlung der einzelnen Körper beziehen. Bei den herkömmlichen Berührungsthermometern ist ein direkter Kontakt zum Messobjekt erforderlich. Da ein solcher Kontakt aber nicht immer ausreichend herzustellen ist und durch die Wärmeableitung über das Thermometer selbst kann es dabei zu Ungenauigkeiten bei den Messergebnissen kommen. In Industrie und Forschung nutzt man auch Bi-Metallthermometer. Sie basieren auf der Auswertung der unterschiedlichen Ausdehnungskoeffizienten von verschiedenen Metallsorten.

19 Elektrizität – Kraft aus der Steckdose

Die Kraft der Elektrizität kannten schon die Griechen in der Antike. Aber es dauerte noch viele hundert Jahre, bis man den Strom aus der Natur beherrschte und selbst Energie erzeugen konnte. Einer der führenden Forscher auf dem Gebiet der Elektrizität war der Amerikaner Benjamin Franklin. Er führte 1752 ein spektakuläres Experiment durch.

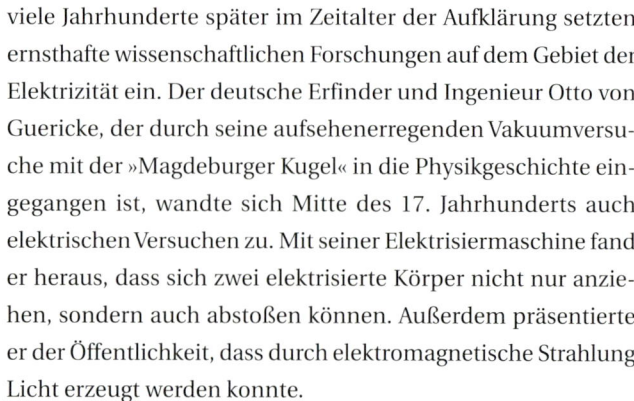

Multitalent Benjamin Franklin holte 1752 den Blitz vom Himmel und wagte damit ein waghalsiges, aber sehr wichtiges Experiment, das für die Nutzung der Elektrizität von größter Wichtigkeit war. Außerdem ging er damit als Erfinder des Blitzableiters in die Geschichte ein.

Elektrizität ist ein ständiger Begleiter unseres Lebens. Am deutlichsten und dramatischsten sieht man das, wenn bei einem Gewitter die Blitze am Himmel zucken. Die Menschen aus vergangenen Jahrhunderten wussten dieses Phänomen nicht zu erklären und verwiesen es in den Bereich der Mystik. Schon im antiken Griechenland wurde das fossile Baumharz Bernstein bewundert, und das nicht nur wegen seiner Schönheit, sondern wegen einer speziellen Eigenschaft. Elektrostatisch aufgeladen war der magische Stein in der Lage, leichte Materialien wie Federn, Staub oder Stofffetzen magisch anzuziehen. Schon im Jahr 600 v. Chr. erweckten diese elektrostatischen Aufladungen das Interesse des Naturphilosophen Thales von Milet. Doch erst viele Jahrhunderte später im Zeitalter der Aufklärung setzten ernsthafte wissenschaftlichen Forschungen auf dem Gebiet der Elektrizität ein. Der deutsche Erfinder und Ingenieur Otto von Guericke, der durch seine aufsehenerregenden Vakuumversuche mit der »Magdeburger Kugel« in die Physikgeschichte eingegangen ist, wandte sich Mitte des 17. Jahrhunderts auch elektrischen Versuchen zu. Mit seiner Elektrisiermaschine fand er heraus, dass sich zwei elektrisierte Körper nicht nur anziehen, sondern auch abstoßen können. Außerdem präsentierte er der Öffentlichkeit, dass durch elektromagnetische Strahlung Licht erzeugt werden konnte.

Ein anderer wichtiger Name auf dem Gebiet der Elektrizitätsforschung ist Benjamin Franklin. Er war nicht nur einer der Gründerväter der USA, sondern interessierte sich auch für das Phänomen der Elektrizität. Durch einen Versuch wollte er einen Blitz vom Himmel auf die Erde leiten. Dazu ließ er 1752 bei einem Gewitter einen Drachen steigen, der an einer Schnur befestigt war, in der ein metallischer Faden eingewebt war. Franklin wusste, dass Metall ein guter Leiter für Elektrizität ist, und er

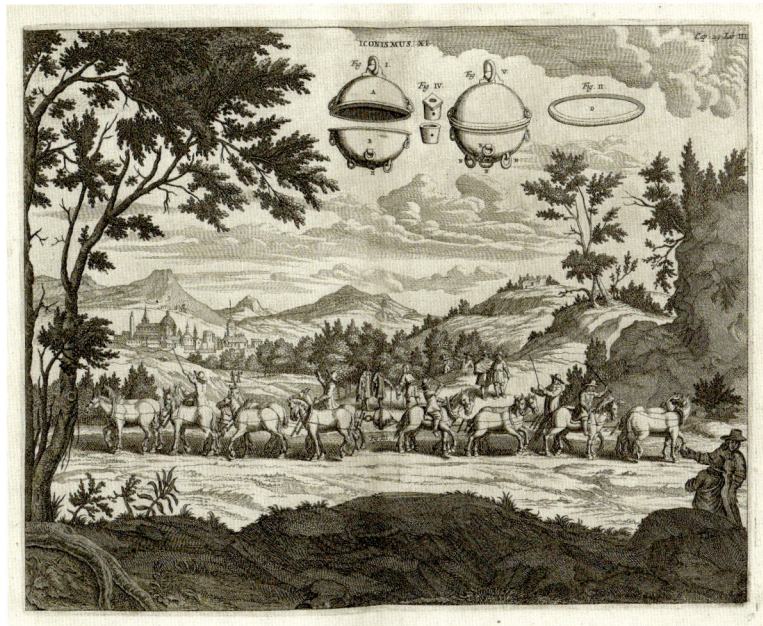

Auch Otto von Guericke ging 1652 durch seine Vakuumversuche mit der »Magdeburger Kugel« in die Physikgeschichte ein und wurde zu einem Pionier der Elektrizitätsforschung.

war so schlau, den Drachen nicht in der Hand zu halten, sondern die Leine am Boden zu befestigen. Das Experiment glückte. Ein Blitz schlug zunächst in den Drachen ein und wurde weiter über die Schnur in den Boden geleitet. Der Blitzableiter war erfunden. Franklin führte auch die Begriffe von Plus- und Minuspol ein. Auch Alessandro Volta forschte auf dem Gebiet der Elektrizität. Seine bedeutendste Erfindung war um 1800 die Voltasche Säule, die erste funktionierende Batterie, durch die es möglich wurde, die magnetischen Eigenschaften elektrischer Ströme und die Anwendung der Elektrizität in der Chemie zu ergründen.

Von nun an begannen sich die Erfindungen zu überschlagen. Der englische Chemiker Humphrey Davy fand heraus, dass man mit einer Batterie einen Lichtbogen erzeugen konnte, was als Basis für die Konstruktion von elektrisch betriebenen Lampen diente. Der französische Physiker André-Marie Ampère erfand um 1810 das Amperemeter, ein Gerät, mit dem sich die Stromstärke messen ließ. Auch der deutsche Physiker Georg Simon Ohm hat mit dem nach ihm benannten Ohmschen Gesetz die Geschichte der Elektrizität geprägt. Die wichtigste Erkenntnis von Forschern wie Michael Faraday oder Thomas Alva Edison war, dass man mit einem Magneten Strom erzeugen kann, wenn man ihn in Bewegung versetzt. Damit hatte man das Funktionsprinzip des Generators erfunden. Von nun an konnte man Strom erzeugen. 1882 gelang es, Strom über eine Leitung 57 Kilometer weit vom bayerischen Miesbach in die Residenzstadt München zu schicken. Nicht anders als die damals erfundenen Stromquellen funktionieren auch heute noch die großen Stromgeneratoren in den Energieunternehmen.

20 Die Dampfmaschin – da stelle mer uns janz dumm ...

Dampfmaschinen wurden zum entscheidenden Wegbereiter der industriellen Revolution und läuteten das Industriezeitalter ein. Für viele gilt James Watt als Erfinder der Dampfmaschine, doch der Schotte brachte 1769 nur die bis dahin brauchbarste Dampfmaschine auf den Markt.

Wenn man in einem Topf Wasser kocht, entsteht durch die Ausdehnung des Wasserdampfs Druck, der den Deckel des Topfes anheben kann. Auf dieser einfachen Erkenntnis beruht das Prinzip der Dampfmaschine. Korrekt bezeichnet man den Dampfdruck als thermodynamische Energie. Diesen Druck konnte man relativ einfach erzeugen, aber es musste gelingen, damit Maschinen anzutreiben. Die Lösung war, dass man den Dampfdruck mit einer Ventiltechnik in einen Zylinder einleitete. Dort wurde durch den Druck ein Kolben hin- und herbewegt. Die oszillierende Bewegung des Kolbens wurde über ein Gestänge an angeschlossene Maschinen übertragen, die sich dadurch in Bewegung setzten und Arbeit verrichteten.

Bereits um die Wende zum 18. Jahrhundert hatten der in Deutschland lebende Franzose Denis Papin und der Engländers Thomas Savery Versuche mit Dampfmaschinen unternommen, die allerdings wegen der ungenügenden Maschinenbautechnologie, die ihnen zur Verfügung stand, wenig erfolgreich verliefen. 1712 hatte der Engländer Thomas Newcomen einen ersten Prototyp entwickelt, der in einer Kohlenzeche eine Wasserpumpstation antrieb. Der Wirkungsgrad lag unter einem Prozent. James Watt verbesserte Newcomens Maschine wesentlich und erhöhte den Wirkungsgrad auf drei Prozent. Seine Dampfmaschine, die er 1769 zum Patent anmeldete,

Auch in Preußen wurde man auf die Vorteile einer Dampfmaschine nach Watts Bauart aufmerksam. Allerdings wollte man selbst Dampfmaschinen bauen, und so kam es zum ersten Fall von Werkspionage und Markenpiraterie in der Geschichte. Unter dem Vorwand, einen Kaufvertrag mit Watt auszuhandeln, reisten zwei preußische Gesandte nach England, schauten sich das Objekt genau an und prüften es mit fachmännischem Blick. Die Werkspionage verlief für die Preußen zufriedenstellend. Schon 1783 war man dort in der Lage, selbst Dampfmaschinen nach dem Watt'schen Vorbild zu fertigen.

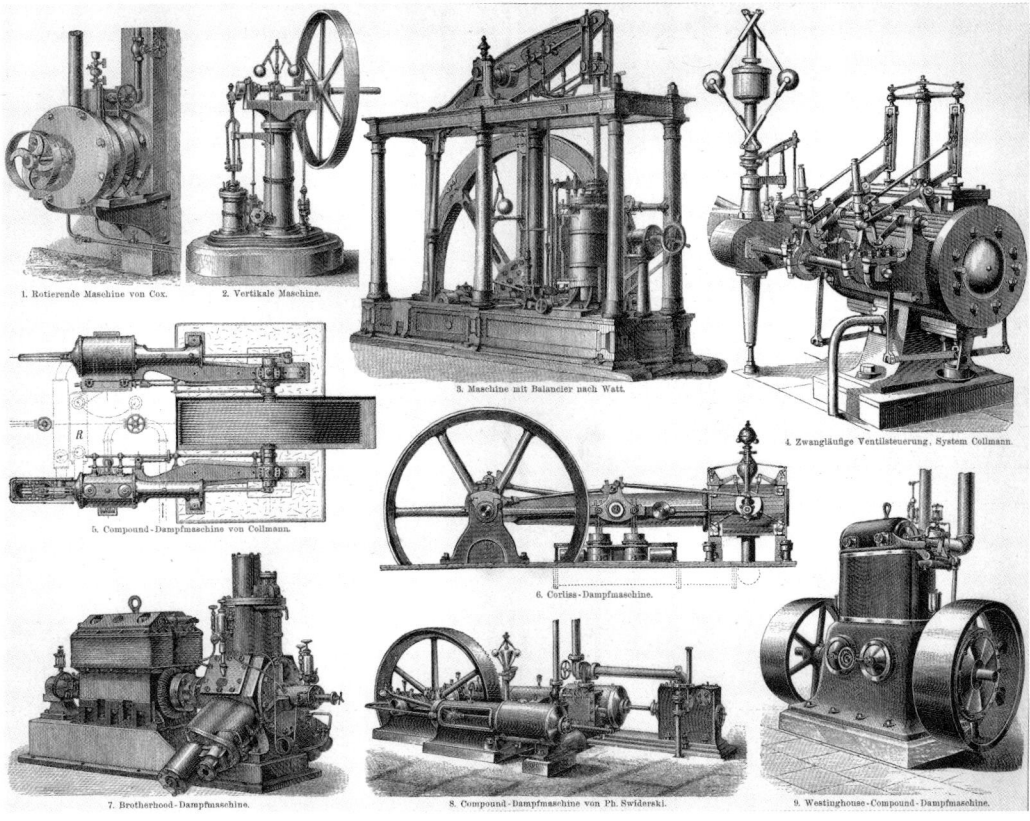

1. Rotierende Maschine von Cox. 2. Vertikale Maschine.

3. Maschine mit Balancier nach Watt.

4. Zwangläufige Ventilsteuerung, System Collmann.

5. Compound-Dampfmaschine von Collmann.

6. Corliss-Dampfmaschine.

7. Brotherhood-Dampfmaschine.

8. Compound-Dampfmaschine von Ph. Swiderski.

9. Westinghouse-Compound-Dampfmaschine.

nutzte zwei Öffnungen im Zylinder, durch die abwechselnd Dampf eingelassen wurde. Musste bei Newcomen der Kolben noch durch Abkühlung des Zylinders in seine Ausgangsposition zurückgeführt werden, so entfiel dieser Prozess bei Watt. Auf diese Weise floss mehr der erzeugten Energie in die eigentliche Arbeitsfunktion der Maschine. Deren Rotationsbewegung wurde mit Treibriemen an die angeschlossenen Maschinen übertragen. Watt war es auch, der die Kraft seiner Dampfmaschinen in Pferdestärken beschrieb. Mit dem Vergleich zur allen geläufigen Kraft des Pferdes konnte er seinen Zeitgenossen die Effizienz seiner Maschinen plastisch verdeutlichen.

Zum Einsatz kamen Dampfmaschinen überwiegend in der Landwirtschaft, zum Beispiel als Dreschmaschinen, im Bergbau und in der Textilwirtschaft. Später experimentierte man mit durch Hochdruckdampf angetriebenen Straßenfahrzeugen und setzte Dampfkraft schließlich ab 1825 sehr effektiv beim Betrieb von Lokomotiven und auch im Schiffsverkehr ein. Ohne die Dampfmaschine wäre die industrielle Revolution, die Mitte des 19. Jahrhunderts einsetzte, nicht denkbar gewesen. Heute sind Dampfmaschinen längst durch moderne Verbrennungsmotoren oder durch elektrisch betriebene Motoren abgelöst worden, die einen viel höheren Wirkungsgrad haben und leichter bedient werden können.

Die Dampfmaschinentechnologie eroberte im 19. Jahrhundert in vielen verschiedenen Spezialausführungen nahezu alle Bereiche der Industrie.

21 Luftfahrt – die Eroberung des Himmels

Der Traum vom Fliegen, es den Vögeln gleichzutun, ist so alt wie die Menschheit. Schon in vorchristlicher Zeit machten sich Wissenschaftler und Physiker ihre Gedanken darüber, wie es möglich sein könnte, vom Boden abzuheben. 1783 gelang das den Brüdern Montgolfier zum ersten Mal mit einem Heißluftballon. Damit begann das Abenteuer Luftfahrt.

Die Meister der Lüfte sind Vögel, Fledermäuse und fliegende Insekten. Sie sind flink und wendig. Sie beherrschen Sturzflüge und leichtes Schweben, sie können in der Luft stehen, riesige Distanzen überwinden, und sie verfügen über ein hervorragendes natürliches Navigationssystem. Es ist also nicht verwunderlich, dass der Mensch schon immer davon geträumt hat, es der geflügelten Tierwelt nachzutun und sich ebenfalls in die Lüfte zu erheben. In diesem Zusammenhang wird oft die Geschichte von Dädalus und Ikarus herangezogen.

Hoch hinaus wollte auch das italienische Multitalent Leonardo da Vinci. Er machte sich ernsthafte Gedanken und konstruierte auf dem Papier sehr fantasievolle Flugapparate, die an Hubschrauber der Gegenwart erinnern. Aber er baute auch einige seiner Flugmodelle und stellte damit um 1505 Flugversuche an, die allerdings jämmerlich scheiterten. Etwas anders sahen die ersten Flugversuche der Chinesen aus. Sie experimentierten mit großen Lenkdrachen, die sie in die Lüfte steigen ließen und bemannten diese sogar. Festgeschnallt und in luftige Höhe geschickt, sollten Kundschafter aus der

Dädalus und Ikarus, die beiden Gestalten aus der antiken griechischen Mythologie, hatten sich Flügelpaare aus Federn gebaut, die sie in die Lage versetzten, wirklich fliegen zu können. Sie wollten damit aus ihrer Gefangenschaft fliehen, denn sie wurden auf Kreta in einem Turm gefangen gehalten. Vater Dädalus hatte seinem Sohn Ikarus eingeschärft, eine bestimmte Flughöhe nicht zu überschreiten, denn wenn er der Hitze der Sonne zu nahe käme, könnte diese das Wachs auflösen, von dem das Federkleid zusammengehalten wurde. Aber Ikarus ignorierte die Warnungen des Vaters und stürzte in den Tod – das Gleichnis von einem, der zu hoch hinaus wollte.

Am 21. November 1783 hebt der von den Brüdern Montgolfier entwickelte Heißluftballon im Pariser Bois de Boulogne zu seiner bemannten Jungfernfahrt ab.

Höhe militärische Bewegungen des Feindes ausspähen. Ob diese Drachenversuche wirklich von Erfolg gekrönt waren, ist nicht überliefert.

Etwas vorsichtiger ließen es die Brüder Joseph Michel und Jacques Etienne Montgolfier auf Geheiß des französischen Königs Ludwig XVI. angehen. Der hatte von den viel versprechenden Versuchen der beiden mit einem Heißluftballon gehört und sie in den Park von Schloss Versailles eingeladen. Dort sollten sie im September 1783 zunächst eine Ersatz-Crew aus Ente, Hammel und Hahn in ihrem spektakulären Luftgefährt aufsteigen lassen. Als die tierische Mannschaft wieder heil auf den Boden zurückgekehrt war, gab der König sein Plazet für einen weiteren Versuch mit Menschen an Bord des Ballons. Am 21. November hob der Heißluftballon mit zwei Personen an Bord vom Boden ab und legte eine Fahrt von 25 Minuten zurück. Der Versuch war gelungen. Die Brüder Montgolfier gelten seitdem als die ersten erfolgreichen Pioniere der Luftfahrt.

Das Prinzip leichter als Luft erlaubte zwar relativ zuverlässige Aufstiege, aber einstweilen keine gelenkten Flüge. Der Deutsche Otto Lilienthal dachte Ende des 19. Jahrhunderts intensiv darüber nach, warum Vögel es schaffen, sich in der Luft zu halten, obwohl sie eindeutig schwerer als dieses Element sind, in dem sie sich so sicher bewegen. Grundlage für seine Berechnungen war eine Erkenntnis, die der Schweizer Physiker Daniel Bernoulli Mitte des

Der deutsche Ingenieur und Flugpionier Otto Lilienthal mit einem selbst gebauten Flugapparat bei einem seiner Gleitversuche.

18. Jahrhunderts gewonnen hatte. Er hatte herausgefunden, dass strömende Gase einen geringeren Druck auf Gegenstände ausüben als Gase, die sich nicht bewegen. Je höher ihre Strömungsgeschwindigkeit wird, desto kleiner ist der Druck, den sie ausüben. Auf die Tragflächen eines Flugzeugs angewendet, führt das dazu, dass bei großer Geschwindigkeit an der Unterseite einer Tragfläche ein Druck, an der Oberseite ein Sog entsteht. Das Flugzeug erhält auf diese Weise eine Art Auftrieb und fliegt, vorausgesetzt, die Antriebsmotoren erzeugen den nötigen Schub. Ein Segelflugzeug muss per Winde oder Flugzeugschlepp in die Höhe gezogen werden. Dort nutzt es die Aufwinde (Thermik), um sich möglichst lange oben zu halten.

Ganz wichtig für das Flugverhalten eines Flugzeuges ist die Form der Tragflächen, durch die die Auftriebskräfte beeinflusst werden. Auch eine bestimmte Mindestfluggeschwindigkeit ist erforderlich, um diesen Auftriebseffekt zu erzielen. Bei einer Verkehrsmaschine beträgt die Mindestgeschwindigkeit circa 400 Kilometer pro Stunde. Damit die Geschwindigkeit für eine sichere Landung reduziert werden kann, bedient man sich eines technischen Tricks. Durch das Ausfahren der Landeklappen an den Tragflächen erzielt man einen höheren Auftrieb bei niedrigen Geschwindigkeiten und kann dadurch die Fluggeschwindigkeit bei Start und Landung auf Werte zwischen 250 und 300 Kilometer pro Stunde absenken.

Aber zurück in die Vergangenheit der Luftfahrt und zum Flugpionier Otto Lilienthal. Ihm glückten 1891 die ersten Gleitflüge in der Geschichte der Luftfahrt. Der Ingenieur beobachtete sehr genau das Flugverhalten der Vögel und den Aufbau ihrer Flügel. Er rüstete seine Flugapparate mit gewölbten Tragflächen aus und experimentierte mit unterschiedlichen Tragflächenprofilen. Weil ihm aber keine geeigneten Motoren zur Verfügung standen, kam er über Gleitflüge nicht hinaus. Mit seinen Hängegleitern startete er

»Es kann Deines Schöpfers Wille nicht sein, dich, Ersten der Schöpfung, dem Staube zu weih'n, Dir ewig den Flug zu versagen!«
Otto Lilienthal

von einem Hügel in Berlin-Lichterfelde aus. Bei einem seiner Versuche stürzte er vermutlich wegen eines Thermikabrisses aus 15 Metern Höhe ab und starb am 10. August 1896.

Auf den Erkenntnissen von Lilienthal aufbauend, konstruierten die Brüder Wright in den USA ein Fluggerät, das von einem Verbrennungsmotor ange-trieben wurde, und starteten am 17. Dezember 1903 zu ihrem erfolgreichen Jungfernflug. Die Flugdauer betrug gerade einmal zwölf Sekunden, aber das Experiment war geglückt und löste einen Boom im Flugzeugbau aus. Schon im Ersten Weltkrieg wurden Aufklärungs-, Jagd- und Bombenflugzeuge ein-gesetzt. Legendär wurde Manfred von Richthofen, der »Rote Baron«.

Doppeldecker, nach den Plänen der Brüder Wright gebaut, erobern auch den Himmel über Europa. Hier ein Foto aus dem Jahr 1908.

Nach dem Krieg konzentrierte man sich dann wieder auf die zivile Luft-fahrt. 1927 gelang Charles A. Lindbergh ein spektakulärer Transatlantikflug von New York nach Paris. Nach fast 34 Stunden hatte er sein 5800 Kilometer entferntes Ziel im Nonstopflug erreicht. Dies war der Beginn einer neuen Ära in der Welt der Fliegerei, in der das Flugzeug das Schiff als Langstre-ckentransportmittel nach und nach ablöste. Aber erst durch die Entwick-lung des Strahltriebwerks, das in den Fünfzigerjahren des 20. Jahrhunderts den Luftverkehr revolutionierte, wurde es möglich, weit entfernte Ziele schnell und wirtschaftlich anzufliegen.

Vom komfortablen Schweben durch die Lüfte träumten die Entwickler des Zeppelins. Doch das tragische Unglück der *Hindenburg* bei ihrem An-dockmanöver 1937 in New York bremste diese Form des Luftverkehrs aus. Das Problem war die Füllung des Zeppelins mit Wasserstoff.

Ein anderer Wunsch ging dafür in Erfüllung. Hatte Leonardo da Vinci im 15. Jahrhundert an einem senkrechtstartenden Fluggerät gearbeitet, das den heutigen Helikoptern ähnelte, wurde diese Idee im 20. Jahrhundert sehr er-folgreich in die Tat umgesetzt. 1941 ging der erste Hubschrauber in Serien-produktion, die deutsche Focke-Achgelis Fa 223.

22 Die Konservendose – Blechbüchsen erobern die Lebensmittelwelt

Über einen Ideenwettbewerb suchte Napoleon nach der optimalen Methode, um seine Armeen mit Proviant zu versorgen. Das Einmachglas machte das Rennen. Später entwickelte ein Engländer die Konservendose aus Metall und ließ sich diese Erfindung 1810 patentieren.

Andy Warhol verewigte in den 1960ern die gesamte Produktpalette des Herstellers Campbell's und setzte der Konservendose damit ein künstlerisches Denkmal.

Der Pop-Art-Künstler Andy Warhol hat sie geliebt und ihr 1968 mit seinem Werk »Campbell's Tomato Soup« ein Denkmal gesetzt: die Konservendose. 300 Milliarden Stück werden davon Jahr für Jahr hergestellt. Der Inhalt erreicht durch diese Form der Konservierung eine lange Haltbarkeit und kann auch nach Jahren ohne Bedenken genossen werden. Seitdem der Mensch gelernt hatte, Vorräte anzulegen, hat er darüber nachgedacht, wie er Lebensmittel haltbar machen kann. Eine Methode war das Trocknen von Fleisch, Fisch, Brot oder Obst. Der Nachteil lag allerdings darin, dass dem Obst durch diese Art der Konservierung die wichtigen Vitamine entzogen wurden. Besonders auf langen Seereisen forderte bei der üblichen Ernährung mit Salzfleisch und Hartbrot der durch Vitaminmangel ausgelöste Skorbut viele Opfer. Ein anderer nahrhafter Reisebegleiter sorgte seit dem 18. Jahrhundert für die Lösung dieses Problems. Denn auch durch Einlegen in Salzlake lassen sich Nahrungsmittel haltbar machen, und vor allem Sauerkraut enthält wichtige Vitamine und rettete vielen Seeleuten das Leben. Darüber hinaus gehörten Pökeln, Räuchern und Kandieren oder das Einle-

Auch die sogenannte Franklin-Expedition war mit einem großen Vorrat an Konservendosen ausgestattet, als sie sich 1845 auf den Weg machte, die kürzeste Seeverbindung zwischen Europa und Asien zu erkunden. Die beiden Schiffe des britischen Polarforschers Sir John Franklin blieben jedoch 1846 im Packeis stecken. Erst zwei Jahre später gaben die Männer ihre Schiffe auf und machten sich zu Fuß auf den Weg zum 350 Kilometer entfernt gelegenen bewohnten Posten. Aber dort kamen sie nie an. Alle 129 Expeditionsteilnehmer starben. Als man ihre Überreste entdeckte und obduziert hatte, stellte man fest, dass die Männer extrem unter einer Bleivergiftung gelitten haben mussten, was ein entscheidender Grund für ihren Tod war.

gen in Öl zu den gängigen Methoden der Konservierung.

1795 war Napoleon Bonaparte zwar noch nicht Kaiser der Franzosen, aber Oberbefehlshaber der französischen Truppen. Er kannte die Sorgen und Nöte seiner Männer, und eines der größten Probleme war die Verpflegung der Truppen auf dem Marsch. Nicht immer gab es genügend Vorräte, die man requirieren konnte. Also musste eine Lösung für die Versorgung der Truppe gefunden werden. Napoleon startete einen Ideenwettbewerb und setzte als Preisgeld 12 000 Goldfranken für den besten Vorschlag aus. Gewonnen hat diesen Wettbewerb ein Zuckerbäcker aus Paris. Nicolas Appert füllte Obst und Gemüse in Glasbehälter, die er luftdicht verschloss und erhitzte. Damit hatte er die Sterilisation von Lebensmitteln erfunden, wie sie auch heute noch beim Einkochen von Obst und Marmeladen angewendet wird.

Der französische Zuckerbäcker Nicolas Appert ist einer der Wegbereiter der Konservendose.

Einen Schritt weiter ging 1810 der Brite Peter Durand. Er ließ sich die Konservendose aus Metall patentieren. Schon drei Jahre später wurde die erste Konservenfabrik eröffnet, die die britische Armee belieferte. Ihren Inhalt konnte man den Dosen damals allerdings nur mit Gewalt entlocken. Man schlug sie mit dem Bajonett auf. Der praktische Dosenöffner wurde erst 1855 erfunden. Die Deckel der Dosen waren mit Blei verlötet. Nicht selten litten die Soldaten daher unter den Folgen einer Bleivergiftung.

Das kann mit den Konservendosen der Gegenwart nicht passieren. Sie sind aus Weißblech oder verzinktem Stahl hergestellt, vollkommen ungiftig und geschmacksneutral. Sie werden nach dem Füllen luftdicht verschlossen und dann durch einen Erhitzungsprozess pasteurisiert. Die Konservendosen des 19. Jahrhunderts waren aber noch kein gängiger Konsumartikel. Ihre Herstellung war zu teuer. Erst um 1900 gelang im Zuge der Industrialisierung eine lohnende Massenfertigung von Konservendosen, die sofort einen Siegeszug antraten und sich zum Verkaufsrenner entwickelten.

23 Das Fahrrad – sattelfest und stark im Antritt

»Vélo« nennen die Franzosen das Fahrrad, vom »bici« sprechen liebevoll die Italiener. Vater des praktischen Fortbewegungsmittels ist aber der Deutsche Karl Freiherr von Drais, der 1817 den Vorläufer des Fahrrads entwickelte.

»Vélo« – was sich wie ein Kosename anhört, ist die Kurzform von »Vélocipède bicycle«. Dieser etwas sperrige Begriff wurde aus den lateinischen Wörtern »velox« für schnell, »pedes« für Füße und dem aus dem Griechischen entlehnten Wort für Zweirad abgeleitet. Mit der Muskelkraft der Beine wird das schnellfüßige Zweirad mit Pedal, Zahnrad und Kette angetrieben – ein praktisches Vehikel, das sich für kurze Strecken eignet, aber auch bei langen Fahrradtouren oder anstrengenden Radrennen eingesetzt werden kann. Es ist ein vielseitiges Sport-, Freizeit- und Nutzfahrzeug, das in vielen Varianten seinen Dienst tut, eingesetzt bei Militär und Post, neu entdeckt für Polizeipatrouillen und Blitzkurierfahrten durch verstopfe Innenstädte. Großer Vorteil des Fahrens durch Körperkraft ist der emissionsfreie Pedalantrieb. Schon Mitte des 17. Jahrhunderts baute der Nürnberger Stephan Farfler ein Gefährt, in dem er sitzen und das er mit Handkurbeln und einer Zahnradübersetzung antreiben konnte. Der Mann kannte sich mit Zahnradtechnik aus, denn er war Uhrmacher, und er war auf seinen Erfindungsgeist angewiesen, um seine verloren gegangene Mobilität wiederzuerlangen, denn er war körperbehindert. Das dreirädrige Holzgefährt Farflers glich zwar mehr einer Mischung aus einem heute gebräuchlichen Rollstuhl und einer Seifenkistenkutsche, aber es war eine wichtige Erfindung auf dem Weg zum Hightech-Fahrrad der Gegenwart.

1888 wurde in Hinblick auf den Fahrkomfort mit der Entwicklung des Luftreifens ein wesentlicher Schritt getan. Der schottische Tierarzt John Boyd Dunlop war es, der dazu die entscheidende Idee hatte. Die neuartige Bereifung sorgte dafür, dass die Fahrt über die buckligen Straßen etwas abgefedert wurde. Ein weiterer Name, der auch heute noch für Reifenqualität bekannt ist, steht zwei Jahre später für die Erfindung des abnehmbaren Gummireifens. Die französischen Brüder Michelin setzten sich mit dieser Erfindung ein Denkmal.

Als eigentlicher Vater des Fahrrads gilt der Karlsruher Karl Freiherr von Drais. Er hatte Baukunst, Landwirtschaft und Physik studiert und sich ab 1811 auf das Erfinden von praktischen Dingen spezialisiert. Seine wichtigste Errungenschaft war 1817 das erste Fortbewegungsmittel auf der Basis eines Zweirades, das in seiner Form den heutigen Fahrrädern schon sehr nahe kam. Der Fahrer saß zwischen zwei hintereinander angebrachten Holz-Speichen-Rädern und stieß sich mit den Füßen vom Boden ab. Damit war zum ersten Mal eine rasche Fortbewegung auf ebenen Wegen ohne Pferd möglich geworden. Ab 1820 baute Drais in ein weiterentwickeltes Modell auch einen beweglichen Lenker ein. »Draisine« nannte man bald allenthalben dieses Zweirad, das heute auch wieder in Mode gekommen ist. Es dient in einer kleinen Variante als Kinderspielzeug, mit dessen Hilfe sich Muskeln, Gleichgewichtssinn und Koordination trainieren lassen. Sehr viel Anklang fanden Drais' Zweiräder zwar noch nicht, aber der Anfang war gemacht.

1862 kam der Franzose Pierre Michaux auf die Idee, Drais Erfindung zu verbessern und das Vorderrad seines Zweirades mit Tretkurbeln auszustatten. Er brachte auch einen bequemeren, gefederten Sattel an und stellte sein Vélocipede 1867 auf der Weltausstellung in Paris vor. Die Resonanz war durchweg positiv, Michaux gründete eine Zweiradfirma und ging in Produktion. Das Zweirad kam groß in Mode. Neben Michaux waren fast zur gleichen Zeit auch andere Zweiradbauer am Werk, unter anderen der Franzose Pierre Lallement, der Deutsche Philipp Moritz Fischer und der Engländer James Starley. Letzterer entwickelte eine bedeutende Innovation, die ab 1871

Vor dem Fahrrad kam das Laufrad – die Draisine und ihr Erfinder Karl Freiherr von Drais.

Primitive Bicycles.

3. The "Dandy–Horse."

4. Gompertz's Velocipede.

5. The Dublin Velocipede.

6. The "Bone–shaker."

VOL. 13.

Die Vorläufer des Fahrrades muteten teilweise etwas komisch an. Für den Mann von Welt durfte es auch ein Zweirad mit Pferdekopf sein.

auf den Markt kam. Sein Zweirad wies eine Vollgummibereifung auf, was die Laufeigenschaft enorm verbesserte. Das Vorderrad hatte einen Durchmesser von 125 Zentimetern und wurde direkt durch Pedale angetrieben, was eine größtmögliche Effizienz ergab. Das Hinterrad war wesentlich kleiner und maß 35 Zentimeter im Durchmesser. Außerdem hatten die Räder nicht mehr Holz-, sondern Drahtspeichen. Großer Nachteil dieser neuen Hochräder war allerdings die Unfallgefahr. Nicht selten gab es Stürze, bei denen der Fahrer kopfüber auf die Straße fiel und dabei tödliche Kopfverletzungen erlitt. Dennoch erfreuten sich diese mondänen Gefährte größter Beliebtheit bei einer exklusiven Kundschaft. Sie waren enorm teuer, und man fühlte sich über den Rest der Verkehrsteilnehmer im wahrsten Sinne erhaben. Man nannte sie daher auch Dandy-Räder, da mit ihnen sogar in exklusiven Kreisen Rennen gefahren wurden. Sie erreichten Geschwindigkeiten von bis zu 40 Kilometer in der Stunde.

1878 kam es zu einem weiteren sehr wichtigen Entwicklungsschritt im Fahrradbau. Durch verschieden große Zahnräder am Pedal und an der Hinterachse, die mit einer Antriebskette verbunden waren, erreichte man ein sehr günstiges Kraftübersetzungsverhältnis. Mit einer Pedalumdrehung des ersten größeren Zahnrades, bewegte sich das kleinere hintere Antriebszahnrad gleich um mehrere Umdrehungen. Die Fahrräder der neuen Generation waren zudem viel sicherer als die Hochräder, weil man nun nicht mehr in luftiger Höhe, sondern näher am Boden radelte. Vorder- und Hinterrad waren fast gleich groß. Hinzu kam, dass die Entwicklung der Kugellagertechnik die Rollreibung der Räder erheblich reduzierte und Laufeigenschaften verbesserte. Auch die Materialien des Rahmens wurden mit der Zeit immer weiter optimiert. Nach den schweren Holzrahmen war man nun auf hohle Stahlrohre gekommen, was das Gewicht der Konstruktion erheblich verringerte – ein wichtiger Aspekt, der auch heute noch im Fokus des Fahrradbaus steht. Das optimale Verhältnis von Gewicht und Stabilität ist das A und O der Konstrukteure. Oft werden Fahrräder mit leichten Aluminiumrahmen ausgestattet.

Die Bequemlichkeit von Reifen und Sattel ist ein entscheidendes Kriterium, vor allem wenn es um längere Fahrradtouren geht. Im Jahr 1903 war es dann die deutsche Firma Fichtel & Sachs, die es den Fahrradfahrern ermöglichte, ihre Fahrt durch eine Gangschaltung zu optimieren, gleichzeitig aber auch durch eine Rücktrittsbremse sicherer machte. Diese wichtige Erfindung ging im selben Jahr in Serie, in dem auch die erste Tour de France an den Start ging.

Das Fahrrad war und ist das wohl preiswerteste und ökologischste Individualverkehrsmittel, mit dem man auch größere Strecken zurücklegen kann. Dieser Aspekt wurde besonders wichtig, seit die Menschen durch die Industrialisierung und das Wachsen der Städte immer seltener in der Nähe ihrer Arbeitsstätten wohnten. Heute haben das Auto und das dichte Netz der öffentlichen Verkehrsmittel die Bedeutung des Fahrrads in der westlichen Welt verringert, seine Bedeutung als Freizeitsportgerät ist jedoch enorm gestiegen. In vielen asiatischen Ländern ist das Fahrrad hingegen immer noch eines der bedeutendsten Verkehrs- und Transportmittel.

»Bei keiner anderen Erfindung ist das Nützliche mit dem Angenehmen so innig verbunden, wie beim Fahrrad.«
Adam Opel (1837–1895)

24 Die Eisenbahn – mit Volldampf um die Welt

Einen Vorläufer des Schienenverkehrs wussten schon die Griechen und Römer in der Antike zu nutzen, und mit großem Erfolg wurden zu Beginn der Renaissance schienengebundene Transportloren im Bergbau genutzt. Als die Dampfmaschine erfunden war, fügte man das technische Wissen zusammen und entwickelte ein revolutionäres Verkehrsmittel. 1835 absolvierte die erste Eisenbahn auf deutschem Boden ihre Jungfernfahrt zwischen Nürnberg und Fürth.

Eine frühe Form des »Schienenverkehrs« entwickelten schon die Griechen und Römer in der Antike. Sie wussten, dass es für die Pferde- und Ochsenkarren einfacher war, sich ihren Weg über die gepflasterten Wege zu bahnen, wenn sie Spurrillen nutzten. Das brachte eine gewisse Sicherheit auf die Straßen. Auf diese Weise in der Spur gehalten, konnten die Karren nicht mehr so leicht ausbrechen und Fußgänger verletzen. Solche Unfälle waren damals an der Tagesordnung. Die Römer bauten solche Spurrillen im großen Stil in ihre schon sehr fortschrittlichen Straßensysteme ein.

Diese Idee wurde um 1500 wieder aufgegriffen, als der Bergbau in Schwung kam und Kohle, Salz und Erz im großen Stil unter Tage abgebaut wurden. Um den Abraum und die Bodenschätze besser aus den Stollen herausbefördern zu können, setzte man Transportloren auf Schienen ein. Diese waren zunächst aus Holz, wurden aber um 1750 durch gusseiserne, im 19. Jahrhundert durch belastbarere Schienen aus gewalztem Stahl ersetzt. Als James Watt 1769 die Dampfmaschine perfektioniert hatte und dieses neumodische Gerät immer häufiger in verschiedenen Bereichen zum Einsatz kam, machten sich die ersten Tüftler Gedanken darüber, ob und wie man die Dampfmaschine auch für ein Fortbewegungsmittel auf Schienen einsetzen könnte. Erste Versuche scheiterten jedoch an der Größe der damals noch riesigen Dampfmaschinen. Erst als man die Effizienz der Dampfmaschinen verbessert hatte, konnte man die Idee eines dampfbetriebenen Schienenverkehrs wieder aufgreifen. 1804 gelang es dem britischen Erfinder Richard Trevithick, eine erste brauchbare Lokomotive zu konstruieren und auf die Schiene zu bringen. Zum Einsatz kam das Gefährt in einem Eisenwerk in Wales, wo es fünf Waggons ziehen konnte. Deren Ladekapazität lag bei zehn Tonnen Eisen und 70 Arbeitern. Der Nachteil des Systems lag jedoch in den gusseisernen Schienen, die nicht stabil genug für die hohe Last

> »Eine Fahrt mit der Eisenbahn kann ich beim besten Willen nicht als Reise bezeichnen. Man wird ja lediglich von einem Ort zum anderen befördert und unterscheidet sich damit nur sehr wenig von einem Paket.«
> John Ruskin
> (1819–1900)

Beim legendären Rennen von Rainhill 1829 sollte herausgefunden werden, welcher Lokomotiventyp sich am besten für die geplante Eisenbahnstrecke zwischen Liverpool und Manchester eignete. Fünf konkurrierende Lokomotivenbauer waren mit ihren Maschinen angetreten. Den Bedingungen nach sollten sie das Dreifache ihres Eigengewichts ziehen und dabei eine Mindestgeschwindigkeit von 16 Kilometer pro Stunde erreichen. Der Gewinner sollte 500 Pfund erhalten. Noch wichtiger war aber die Aussicht darauf, die wichtige Bahnlinie mit der Gewinnerlok betreiben zu dürfen. George Stephenson kam mit seiner *Rocket* als einziger ins Ziel und entschied das Rennen für sich. Stephenson erhielt nach seinem Sieg den Auftrag, acht Dampflokomotiven dieses Typs für die Strecke Liverpool–Manchester zu liefern.

waren und brachen. Wegen dieses Nachteils fanden sich auch keine Geldgeber, die den Mut hatten, in die neue Technik zu investieren.

Wie Trevithick kam auch George Stephenson aus dem Bergbau. Auch er hatte Erfahrungen mit Zechenbahnen gesammelt. Stephenson erkannte, dass die dampfbetriebenen Stahlrösser Potenzial hatten. Man musste sie nur auf bessere Schienen aus gewalztem Stahl setzen. 1825 wurde unter seiner Leitung die erste Eisenbahnstrecke der Welt zwischen den nordenglischen Orten Stockton und Darlington mit einer Länge von 40 Kilometern in Betrieb genommen. Seine »Locomotion« war ein Hochleistungsgerät und in der Lage, 36 Anhänger zu ziehen. Zur Legende wurde der Eisenbahnpionier, als seine Lokomotive »Rocket« vier Jahre später beim legendären Wettrennen von Rainhill die Konkurrenz klar ausstechen und eine damals unvorstellbare Geschwindigkeit von 48 Stundenkilometer erreichen konnte.

Stephenson wurde der wichtigste Mann im englischen Eisenbahnwesen. Unter seiner Verantwortung standen die Weiterentwicklung, der Bau und der Export von Eisenbahnen ins Ausland. Auch die erste deutsche Lokomotive, die *Adler*, kam aus der Maschinenbaufabrik Stephensons. Sie verkehrte ab dem 7. Dezember 1835 zwischen den fränkischen Städten Nürnberg und Fürth. Bei der Jungfernfahrt legte sie die Strecke von 6,05 Kilometern in neun Minuten zurück. Im Linienbetrieb zog die *Adler* bis zu neun Wagen und transportierte rund 200 Fahrgäste. Bei den meisten Fahrten kam die dampfbetriebene Lokomotive allerdings gar nicht zum Einsatz. Stattdessen wurden Pferde als Zugtiere eingesetzt. Von vielen Menschen wurden die dampfenden und feuerspeienden Stahlrösser als Teufelsmaschinen angesehen, die die Natur aus dem Gleichgewicht brachten. Aber letztendlich war der Siegeszug des neuen Verkehrsmittels nicht mehr aufzuhalten.

Der Vorteil des schienengebundenen Transportmittels lag eindeutig in seiner Zuverlässigkeit. Versanken die Pferdekutschen bei Regen im Matsch oder brachen ihre Holzräder auf den Schlaglochpisten, erreichte die Eisenbahn auch bei schlechtem Wetter sicher ihr Ziel. Vor allem durch die fortschreitende Industrialisierung brauchte man ein Transportmittel, das große Mengen von Gütern schnell und problemlos bewegen konnte. Die Folge war, dass die Streckennetze immer dichter wurden.

Die neue Technik erlangte auch in der Neuen Welt große Bedeutung. Vor allem in den USA entstand ein großes Schienennetz. 1869 wurde die erste transkontinentale Verbindung von der Ost- bis zur Westküste, von New York bis nach San Francisco, eröffnet – eine Streckenlänge von 5319 Kilometern. Schon im Bürgerkrieg von 1861 bis 1865 hatte die Eisenbahn eine entscheidende Rolle gespielt. Denn die umfangreichen Truppen- und Nachschubtransporte waren nur auf der Schiene zu bewältigen. Die Eisenbahn war

Ein Zigarettenbildchen zeigt George Stephenson mit seiner legendären *Rocket*.

WILLS's CIGARETTES.

GEO. STEPHENSON'S ROCKET. 1829.

38

La premiere route de fer
EN ALLEMAGNE
entre
Nüremberg & Fürth.

Deutschland's erste Eisenbahn
zwischen
NÜRNBERG und FUERTH.

The first rail-road
IN GERMANY
between
Nüremberg and Fürth.

damit zu einem wichtigen militärischen Faktor von großer strategischer Bedeutung geworden.

Mitte des 20. Jahrhunderts wurde die Bahn zum wichtigsten öffentlichen Verkehrsmittel im Personen und Güterverkehr, das zudem als sehr umweltfreundlich gilt. Die alten Dampflokomotiven sind von Dieselloks, mehr aber noch von elektrisch betriebenen Zügen abgelöst worden. Reisen mit der Bahn gelten als bequem, sicher und preiswert. Luxuszüge wie der Orientexpress bieten ein Reiseerlebnis der besonderen Art. Stand zu Beginn der Eisenbahngeschichte um 1830 ein Schienennetz von 330 Kilometern zur Verfügung, sind es heute weit über 1,1 Millionen Kilometer weltweit. Fernreisezüge erreichen Geschwindigkeiten von mehr als 300 Kilometern in der Stunde und machen Bahnreisen damit zu einer Alternative zum Flugverkehr. In der Glanzzeit der Eisenbahn, Ende des 19. Jahrhunderts, wurden Bahnhöfe wie Prachtbauten konstruiert und zu Kathedralen der modernen Zeit stilisiert. Auch heute haben die Bahnhöfe nichts von ihrem besonderen Zauber verloren und gelten als Tore in die weite Welt.

Auf einer bunten Zeichnung festgehalten: Die denkwürdige Fahrt der ersten Eisenbahn auf deutschem Boden 1835 zwischen den beiden Städten Nürnberg und Fürth.

25 Fotografie – die Welt in bunten Bildern

Mit einem riesigen Holzkasten, der Camera obscura, begann die Geschichte der Fotografie. 1839 konnte der Foto-Pionier Louis Daguerre eine Erfindung der Öffentlichkeit präsentieren, die als Daguerreotypie in die Geschichte einging. Heute passen digitale Fotoapparate in jede Westentasche.

Ein kurzer Klick auf den Auslöser der Kamera und schon ist eine schöne Urlaubserinnerung fotografisch festgehalten. Es waren zwei Franzosen, die es möglich gemacht haben, Impressionen auf Fotopapier zu bannen. Joseph Nicephore Niepce (1765–1833) gelang es als Erstem, ein Bild aus dem wirklichen Leben fotografisch festzuhalten. Dazu benutzte er eine Camera obscura. Diese Kastenkamera hatte anstelle eines Objektivs ein kleines Loch. Durch das einfallende gebündelte Licht entstand dabei ein Projektionseffekt. Objekte außerhalb des Apparates wurden innen auf der Rückseite des Kastens seitenverkehrt und auf dem Kopf stehend gespiegelt.

Gebaut wurden diese Kameras schon seit der Renaissancezeit. Astronomen nutzten die Technik, um Sonnenflecke oder Sonnenfinsternisse zu beobachten, ohne ihre Augen zu gefährden. Festhalten konnte man Bilder jedoch noch nicht. Niepces Idee war es, die Projektion einer Camera obscura auf lichtempfindlichem Chlorsilberpapier einzufangen. Es gelang ihm tatsächlich, Bilder auf diese Weise festzuhalten, aber sie waren nur für kurze Zeit sichtbar und verblichen schnell. Niepce experimentierte weiter und arbeitete an neuen Beschichtungen für die Fotoplatten. 1826 gelang ihm die erste beständige Fotografie. Als Motiv diente der Blick aus dem Fenster seines Arbeitszimmers. Allerdings hatte die sensationelle Erfindung einen Nachteil, und das waren Belichtungszeiten von bis zu acht Stunden.

Der Theatermaler Louis Daguerre war von den Experimenten seines Landsmanns so begeistert, dass er dessen Assistent wurde. In Teamarbeit suchten sie nach einer optimalen Beschichtung, die kürzere Belichtungszeiten erlaubte. Aber erst nach Niepces Tod 1833 fand Daguerre die Lösung. Fotoplatten, die mit Quecksilberdampf beschichtet wurden, benötigten bei guten Lichtverhältnissen nur noch eine Belichtungszeit von vier Minuten. Das war der Durchbruch für die Fotografie. 1839 konnte Daguerre seine Erfindung, die als Daguerreotypie in die Geschichte einging, der Öffentlichkeit präsentieren. Die Fotos, die man mit Hilfe dieser Technik anfertigte, waren allerdings Unikate, von denen man keine Abzüge herstellen konnte.

Kein Vergleich zu einer Pocketkamera – ein Fotografier-Apparat aus dem Jahr 1895

Diese Möglichkeit entwickelte kurze Zeit später der Engländer William Henry Talbot. Seine Fotografien waren zwar nicht so hochwertig, wie die seines französischen Konkurrenten, aber dafür konnte man von seinen »Negativen« Abzüge herstellen. In den Folgejahren trat die Fotografie einen ungeahnten Siegeszug an und wurde nicht nur für private Erinnerungsfotos, sondern auch für die journalistische Pressearbeit entdeckt. Erstmals war es möglich, von wichtigen historischen Ereignissen Bilddokumente anzufertigen und in der Zeitung abzudrucken. Vor allem im Amerikanischen Bürgerkrieg von 1861 bis 1865 kam die neue Technik zum Einsatz. Bilder von toten Soldaten und zerstörten Städten zeigten erstmals die Brutalität des Krieges.

Musste in die damaligen Kameras noch für jede Aufnahme eine neue Fotoplatte eingelegt werden, so machte eine Erfindung im Jahr 1889 die Arbeit einfacher. Der New Yorker George Eastman kam mit dem ersten Rollfilm auf den Markt, der es ermöglichte, mehrere Fotos hintereinander zu schießen. Die Entwicklung war nun nicht mehr zu bremsen. Immer kleiner wurden die Kameras, immer hochwertiger das Filmmaterial, immer besser die Objektive. 1936 wurde die Schwarz-Weiß-Fotografie durch die neue bunte Foto-Welt verdrängt. Nach dem Farbfilm war es die Digitaltechnik, die den Fotosektor revolutionierte und ungeahnte Möglichkeiten bietet.

Eine französische Karikatur aus dem Jahr 1839 nimmt die neue Lust am Fotografieren und am Fotografiertwerden aufs Korn.

»Jeder kann knipsen. Auch ein Automat. Aber nicht jeder kann beobachten. Photographieren ist nur insofern Kunst, als sich seiner die Kunst des Beobachtens bedient. Beobachten ist ein elementar dichterischer Vorgang. Auch die Wirklichkeit muss geformt werden, will man sie zum Sprechen bringen.«
Friedrich Dürrenmatt

26 Waffen – von der Keule bis zum Dynamit

Zur Jagd und zur Verteidigung nutzten die Menschen der Urzeit Arme, Beine und Zähne. Aber schon sehr bald erkannten sie, dass sie sich anderer Mittel bedienen mussten, um sich im Überlebenskampf zu behaupten. Die ersten Waffen bot die Natur mit Steinen und Stöcken. Doch mit jedem weiteren Entwicklungsschritt der Menschheit entwickelte sich auch die Waffentechnik in ungeahnte Dimensionen. Mit der Erfindung des Dynamits im Jahr 1866 begann ein neues Zeitalter.

Die Entwicklung von Waffen gehört zwingend zur Evolutionsgeschichte der Menschheit. Nur mit ihren bloßen Händen konnten die Jäger der Urzeit unmöglich genügend Fleisch erbeuten, um auf Dauer ihr Überleben zu sichern. Besonders als die Stämme und Sippen immer größer wurden und immer mehr Nahrung benötigt wurde, war man auf die Geschicklichkeit der Jäger angewiesen. Aber die Tiere des Waldes und der Steppe hatten dazugelernt. Sie reagierten auf die zunehmende Population der Menschen mit Scheu und von ihrem Instinkt gesteuerter Vorsicht. Es wurde immer schwerer, Tiere zu überlisten und zu fangen. Die Urmenschen mussten daher Jagdmethoden entwickeln, die es ihnen ermöglichten, die Tiere aus größerer Entfernung zu erlegen. Dazu dienten zunächst Steine und gerade gewach-

»Qui desiderat pacem, bellum praeparat.«
(Wer Frieden wünscht, bereitet den Krieg vor.)
Publius Flavius Vegetius Renatus

Als Meister der Waffentechnik gingen die Römer in die Militärgeschichte ein. Ihre Kampfkraft basierte nicht alleine auf Ausbildung, Moral, Disziplin und Truppenstärke. Die römischen Legionen nutzten auf ihren Eroberungsfeldzügen modernste Waffensysteme, denen die feindlichen Krieger nichts entgegenzusetzen hatten. Die Römer hatten erkannt, dass man den Gegner zunächst aus großer Distanz mürbe machen musste, bevor man in den riskanten Nahkampf ging. Mit großen und kleinen Ballisten, mit denen man Speere und Pfeile abfeuern konnte, und mit riesigen Katapulten schoss man Festungen sturmreif. Brennende Pechklumpen wurden als feuerspeiende Geschosse genutzt. In der offenen Feldschlacht ging die legendäre Schildkrötenaufstellung der römischen Soldaten in die Kriegsgeschichte ein. Nach allen Seiten durch ihre großen Schilde gedeckt, rückten sie in sicherer Schlachtordnung gegen die Feinde vor.

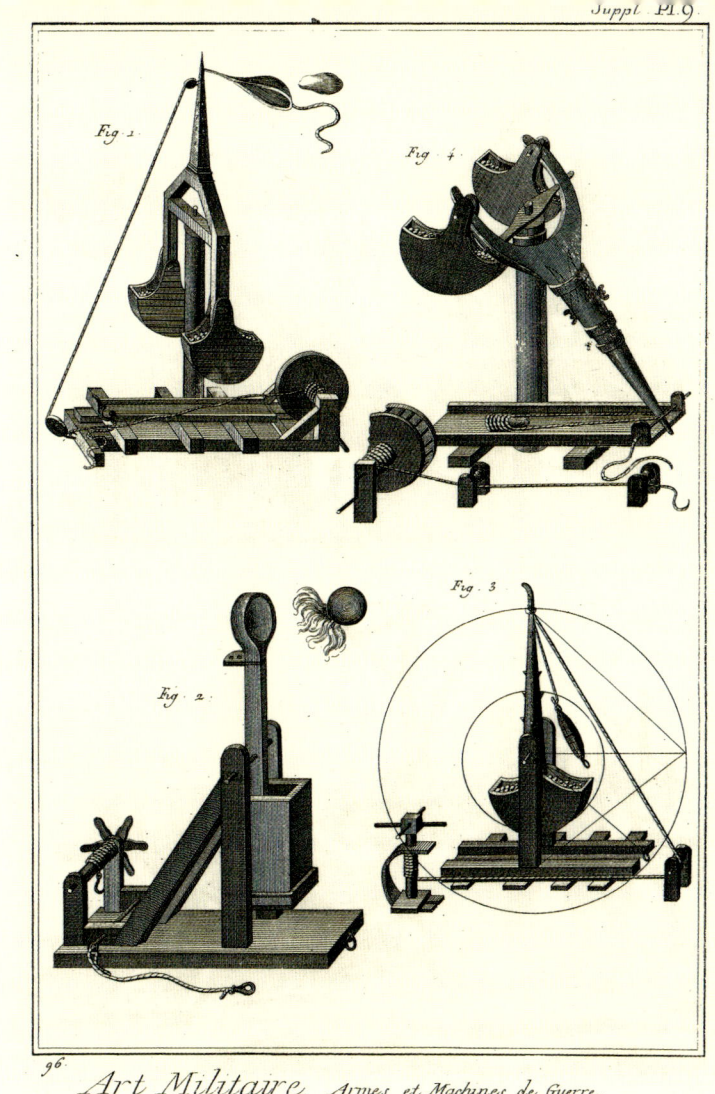

Art Militaire, Armes et Machines de Guerre.

Eine alte Illustration zeigt verschiedene Katapulte und deren Funktionsweise.

sene und angespitzte Äste, die man, gezielt geworfen, zur Jagd einsetzen konnte. Aber man merkte bald, dass der Jagderfolg größer war, wenn man es schaffte, die Tierherden aus noch größerer Distanz anzugreifen. Aus dieser Erkenntnis heraus entwickelte man effektivere Jagdinstrumente. Bald baute man Steinschleudern und Bogen, mit denen spitze Pfeile abgeschossen werden konnten. Die Ureinwohner Süd- und Mittelamerikas setzten Blasrohre zur Jagd ein. Da die damit abgeschossenen kleinen Pfeile nicht tödlich wirkten, nutzten die klugen Jäger ein Gift, das die getroffenen Tiere lähmte.

Dass Waffen nicht nur zur Jagd auf Wild eingesetzt wurden, sondern auch im Kampf gegen andere Gruppen, hat mit dem Erhaltungstrieb des Menschen zu tun. Stämme fühlten sich in ihrer Existenz bedroht, wenn andere Sippen in ihrem Revier jagten und ihnen die Beute streitig machten. Immer häufiger kam es daher zu Stammesfehden, die blutig ausgetragen wurden.

Damit begann eine prähistorische Aufrüstung. Nicht nur bei der Jagd, sondern auch im Kampf mit anderen Menschen hatte nur der Erfolg, der die bessere Waffe besaß. Solche Stammesfehden wurden mit Keulen und Steinschleudern ausgetragen. Wie wirksam diese waren, schildert die biblische Geschichte vom Kampf des körperlich unterlegenen David gegen den Riesen Goliath. David gewinnt, weil er mit seiner Schleuder besser gerüstet ist.

Mit der Weiterentwicklung der Menschheit über die Jahrhunderte hinweg ging es bald nicht mehr nur um Jagdgründe, die man gegenüber konkurrierenden Stämmen und Familien behaupten und verteidigen musste, sondern um das Erlangen von Vormacht und um sehr materielle Güter wie Geld, Gold oder Land. Immer ausgefeilter wurde die Waffentechnik, immer besser das Material, immer effektiver ihre Wirkung. Die erste Waffe, die ausschließlich für den Kampf Mann gegen Mann konzipiert wurde, war das Schwert. Es wurde in der Bronzezeit entwickelt, als man die Bearbeitung von Metall zu einer ersten Blüte gebracht hatte. Spätere Hochkulturen wurden nicht nur für ihre Errungenschaften in Kunst, Bildung und Bautechnik berühmt, sondern vor allem auch durch ihr hoch entwickeltes Kriegsgerät.

Bis zum Ende des Mittelalters bestimmten Schwert, Speer, Pfeil und Bogen sowie Steinschleudern das Kampfgeschehen. Doch mit dem Einsatz des Schwarzpulvers um 1300 und der daraus resultierenden Entwicklung von Feuerwaffen begann eine neue Ära des Tötens. Eingeleitet wurde dieses neue Zeitalter durch eine Erfindung, die aus China ihren Weg in den Westen gefunden hatte. Alchimisten aus dem Reich der Mitte hatten im 10. Jahrhundert aus Salpeter, Holzkohle und Schwefel eine hochexplosive Mischung hergestellt, die man in Feuerwerkskörpern zur Belustigung bei Festen einsetzte, aber auch schon als wirkungsvolle Brandsätze bei Kampfhandlungen in die gegnerischen Reihen schoss.

Durch die Erfindung der Chinesen war es möglich geworden, Feuerrohre unterschiedlicher Größe und Kaliber zu entwickeln, mit denen gegnerischen Heere, befestigte Städte und Burgen wirkungsvoll beschossen werden konnten. Die Handfeuerwaffen – wie Gewehre und Pistolen –, die in der Feldschlacht eingesetzt wurden, leiteten das Ende des Rittertums ein. Die Rüstungen hatten Schutz gegen Schwerthiebe und gegen Pfeilspitzen geboten, aber von den Kugeln der Musketen wurden sie durchschlagen.

Das Prinzip der Feuerwaffen besteht darin, dass durch das Entzünden einer Treibladung so viel Druck erzeugt wird, dass eine Kugel mit hoher Ge-

»Ich bin nicht sicher, mit welchen Waffen der Dritte Weltkrieg ausgetragen wird, aber im Vierten Weltkrieg werden sie mit Stöcken und Steinen kämpfen.«
Albert Einstein

schwindigkeit aus dem Gewehr- oder Kanonenlauf hinausgeschossen wird. Die Weiterentwicklung dieser Feuerwaffen konzentrierte sich über die folgenden Jahrhunderte darauf, Zielsicherheit, Reichweite und Feuergeschwindigkeit zu erhöhen. Der Nachteil der frühen Handfeuerwaffen bestand darin, dass sie nach jedem Schuss umständlich neu geladen werden mussten. Erst im 19. Jahrhundert setzten sich vorgefertigte Einheitspatronen durch, die den Ladevorgang stark vereinfachten, und gegen Ende dieses Jahrhunderts hatte man bei Gewehren und Pistolen ausgereifte Mehrlader und die ersten Maschinenwaffen zur Verfügung. Diese waren dank ihrer Patronenmagazine rasch nachzuladen und boten eine hohe Feuergeschwindigkeit. Die großkalibrigen Sprenggeschosse der modernen Artillerie entfalten eine vernichtende Wirkung. Ihre Sprengkraft resultiert aus der enormen Brisanz moderner Sprengstoffe, deren erster Dynamit war, das aus Nitroglycerin hergestellt wird.

Alfred Nobel – der Erfinder des Dynamits

Die große Sprengkraft des Stoffes war dem Turiner Chemiker Sobrero bei Versuchen im Jahr 1846 aufgefallen. Er war jedoch nicht in der Lage, diese Sprengkraft zu beherrschen. Die kleinste Erschütterung löste eine Detonation aus. 20 Jahre später fand der schwedische Chemiker Alfred Nobel die Lösung des Problems. Er mischte dem Nitroglycerin Kieselgur und Soda bei und machte den neuen Sprengstoff zu einem sicher zu handhabenden Sprengstoff.

Durch seine explosive Erfindung wurde der 1896 verstorbene Alfred Nobel zum Multimillionär. Dass ausgerechnet der Erfinder des modernen Sprengstoffs den Friedensnobelpreis ins Leben rief, ist auf das Bestreben der engagierten Friedensaktivistin Bertha von Suttner zurückzuführen. Sie hatte dem Vater des Dynamits sehr erfolgreich ins Gewissen geredet.

27 Kühltechnik – vom Eiskeller zum Gefrierschrank

In früheren Zeiten benutzte man Eis, um Essensvorräte vor dem Verderben zu schützen. Im 19. Jahrhundert gab es Holzkisten, die mit Eis befüllt wurden und als Vorratskästen für Speisen dienten. Die Revolution in der Kühltechnik kam 1873, als Carl Linde sein Kühlsystem zum Patent anmeldete.

In Bayern ist es vielerorts Tradition, dass Weißwürste vor dem Zwölfuhr-Läuten gegessen werden sollen – ein Brauch, der in früheren Tagen sinnvoll war, denn so eine Weißwurst ist eine höchst verderbliche Spezialität, die früher ohne entsprechende Kühlung nicht lange haltbar war. Mit der heutigen Kühltechnik ist das kein Problem. Die Lagerung von Lebensmitteln war für die Menschen in früheren Jahrhunderten schwierig, weil sie ohne Kühlschränke auskommen mussten. In Mitteleuropa, wo es klirrend kalte Winter gab, sägten die Menschen Eisblöcke aus zugefrorenen Teichen und lagerten diese in Eishöhlen oder Eiskellern. Darin dauerte es selbst in warmen Sommern lange, bis das Eis geschmolzen war. Diese Art der Eisbevorratung wurde noch weit bis ins 19. Jahrhundert hinein betrieben. Vor allem die Bierbrauer waren auf Kühlung angewiesen. Der große Aufwand des Eissägens wurde ihnen erspart, als Carl Paul Gottfried Linde seine Kältemaschine erfand, von der er 1871 einen Prototyp fertiggestellt hatte und die er zwei Jahre später patentieren ließ.

Möglich geworden war die Erfindung Lindes durch verschiedene andere Errungenschaften des Industriezeitalters wie etwa die Elektrizität. Bevor die elektrisch betriebenen Kältemaschinen zur Standardausstattung in allen Küchen wurden, standen im 19. Jahrhundert in vielen Haushalten Eisschränke, die aus Holz gefertigt waren. Ihren Namen trugen sie zu Recht,

Er erfand 1873 die moderne Kühltechnik – Carl Linde.

Es war eine Brauerei, die Lindes Forschungs- und Entwicklungsarbeit als Geldgeber gefördert hatte. Carl Lindes Erfindung sorgte damals nicht nur für gut temperiertes Bier, sondern auch dafür, dass untergäriges Bier unabhängig von der Jahreszeit und dem Vorhandensein von Eisvorräten gebraut werden konnte, was einen wahren Siegeszug der untergärigen Biersorten Pils und Export auslöste. Bei diesen Biersorten ist eine niedrige Brautemperatur erforderlich.

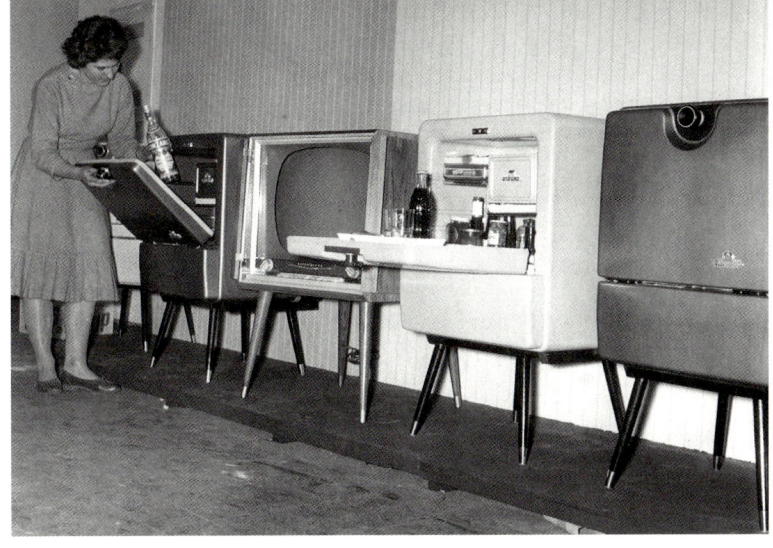

Die Hausratsmesse in Köln präsentiert 1959 einen schicken Getränkekühlschrank fürs Wohnzimmer.

denn sie wurden im oberen Bereich mit zerstoßenem Natureis befüllt, das man von Händlern kaufen konnte, die mit ihren Pferdewagen durch die Straßen zogen. Diese Methode wurde bis weit ins 20. Jahrhundert hinein genutzt, denn der von Carl Linde entwickelte Kühlmechanismus war für den Privathaushalt lange Zeit zu teuer. Außerdem benötigte er Ammoniak, eine ätzende, giftige und übelriechende Substanz, die Gesundheitsprobleme hervorrufen konnte, wenn sie austrat. Das Ammoniak Problem wurde schließlich durch Fluorchlorkohlenwasssserstoff (FCKW) gelöst, ein Stoff, von dem man annahm, dass er unproblematisch sei. 1995 wurde die Verwendung von FCKW in Kühlschränken jedoch verboten, weil dieser Stoff entscheidend für das Ozonloch verantwortlich ist.

Der erste FCKW-freie Kühlschrank der Welt wurde 1992 von einem sächsischen Unternehmen gebaut. Die heute nach dem neuesten Stand der Technik gefertigten Kühlschränke und Kühltruhen sind ökologisch unproblematisch und sparsam im Energieverbrauch.

Heutige Kühlschränke haben eine Betriebstemperatur von 2 °C bis 8 °C, die durch eine optimale Dämmung auf diesem niedrigen Niveau gehalten werden kann. Ein Kontrollthermostat misst permanent die Innentemperatur des Kühlschranks. Steigt die Temperatur, springt ein Aggregat an und sorgt sofort für die nötige Abkühlung auf den Sollwert. Das Prinzip des Kühlschranks beruht darauf, dass seinem Innenraum Wärme entzogen und nach außen abgeleitet wird. Es findet ein permanenter Wärmeaustausch statt. Für die Funktion des Wärmeaustauschs benötigt man einen Trägerstoff, der die Wärme von innen nach außen transportieren kann. Dazu eignete sich vor allem das Gas Ammoniak.

28 Das Telefon – Kommunikation über Kabel und Satellit

Das Telefon sorgt für eine grenzenlose Kommunikation und verbindet Menschen auf verschiedenen Erdteilen miteinander. 1861 baute der deutsche Physiklehrer Philipp Reis den ersten funktionierenden Fernsprechapparat.

»Im Leben eines jeden Büromenschen gibt es drei einschneidende Ereignisse: Erstens einen Wechsel des Vorgesetzten, zweitens den Tod der Topfpflanze und drittens eine neue Telefonanlage.«
Christian Ankowitsch

Den Grundstein für die Erfindung des Telefons legte 1833 Carl Friedrich Gauß. Gemeinsam mit seinem Kollegen Wilhelm Weber gelang es dem Physiker Mathematiker und Astronomen, elektromagnetische Impulse über eine Drahtverbindung zu senden. Auf diese Weise wurde das erste Telegramm in der Geschichte der modernen Kommunikation auf den Weg gebracht. 1844 konnte der Italiener Manzetti den Klang einer menschlichen Stimme bereits über eine Strecke von einem halben Kilometer übertragen. Auf diesen Erkenntnissen baute 1861 der deutsche Physiklehrer Philipp Reis auf. Er verwendete für seine Sprechapparate Trichter und Hörmuscheln, die mit Membranen aus Schweinedarm ausgestattet waren.

An die Membranen seines Sprechapparats hatte Reis einen dünnen Metallfaden angebracht. Die Schallwellen, die beim Sprechen entstanden, wurden von den Membranen aufgenommen und versetzten sie in Schwingung. Dadurch geriet der Metallfaden in Bewegung, der einen Stromkreis öffnete oder schloss. Beim Empfänger wurden die Membrane durch die versendeten Stromimpulse ebenfalls in Schwingung versetzt, die die Stimme des Sprechers wiedergaben.

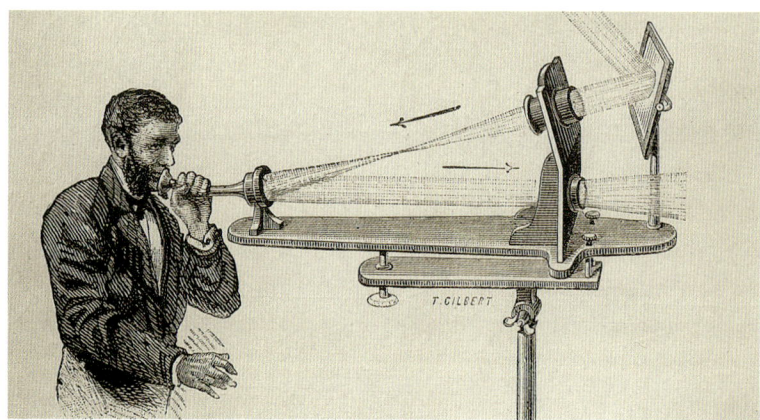

Mit einem Photophon sollte die menschliche Stimme mittels eines gebündelten Lichtstrahls übertragen werden.

Die Übertragungsqualität der Geräte ließ zwar noch sehr zu wünschen übrig, aber der erste funktionierende Fernsprechapparat war damit erfunden. 1863 verkaufte Reis verbesserte Modelle seines Telefons an Interessenten auf der ganzen Welt. Auch nach Nordamerika gelangten seine Apparate.

In Kanada arbeitete Alexander Graham Bell ebenfalls an der Entwicklung eines Telefons. Er baute auf den Erkenntnissen Reis' und des Italo-Amerikaners Antonio Meucci auf. Es entbrannte ein regelrechter Wettkampf an der Telefonfront. Jeder der Erfinder, die damit beschäftigt waren, einen eigenen Apparat zu bauen, wollte diesen als Erster zum Patent anmelden. Denn mit den Patentrechten ließen sich Millionen verdienen. Auf einer guten Startposition befand sich bei diesem Rennen auch der US-amerikanische Physiker Elisha Gray, der ebenfalls einen tauglichen Telefonapparat konstruiert hatte. Aber Gray zog den Kürzeren. Sein Konkurrent Bell kam ihm bei der Patentanmeldung um nur zwei Stunden zuvor.

Die Telegrafengesellschaften jener Tage sahen im Telefon eine Konkurrenz. Doch anstatt mit dem Rechteinhaber Bell zu kooperieren, beauftragte »Western Union«, der Marktführer auf dem Telegrafiemarkt, den Universal-Erfinder Thomas Alva Edison damit, ein Telefon mit eigener Technik zu entwickeln. Doch Edison wurde es aus patentrechtlichen Gründen untersagt, ein eigenes Gerät auf den Markt zu bringen. Damit hatte Bell seine Monopolstellung auf dem Telefonmarkt gesichert. Er gründete mit Partnern eine Telefongesellschaft, die sich zu einem marktbeherrschenden Unternehmen entwickelte. Aber mit den Telefonen allein war es nicht getan. Es mussten Kabelnetze geschaffen werden. Zahllose Kilometer Kabel wurden verlegt. Damit man auch überkontinental telefonieren konnte, wurde durch Spezialschiffe auch ein Überseekabel auf dem Meeresboden verlegt. Der direkte Draht von Haus zu Haus war vielerorts jedoch noch nicht möglich. Wer eine Verbindung wollte, musste das beim »Fräulein vom Amt« anmelden, wo die einzelnen Kabelstränge zusammengeführt wurden. Von dort aus wurde man per Handschaltung weiterverbunden. Heute wird das von computergesteuerten Relaisstationen übernommen und für die glasklare Telefonverbindung sorgen Glasfaserkabel, die neben dem Telefonieren auch noch das Surfen im Internet möglich machen. Neben dem Festnetzanschluss setzte sich in den 1980er-Jahren auch das Mobiltelefon durch.

Philipp Reis, der Erfinder des Telefons, bei einem seiner ersten Versuche mit einem seiner Fernsprechapparate. Er übermittelt die Klänge einer Geige in ein anderes Zimmer.

»Das Pferd frisst keinen Gurkensalat.«
Erster Satz von Philipp Reis über den Sprechapparat.

29 Der Staubsauger – Hausfreund für schmutzige Angelegenheiten

Schrubber, Feger, Teppichklopfer & Co. erhielten ernsthafte Konkurrenz, als 1908 der erste gut funktionierende Staubsauger seinen Dienst antreten konnte. Erfunden wurde der praktische Haushaltshelfer im Land der unbegrenzten Möglichkeiten, in den USA.

»Es saugt und bläst der Heinzelmann, wo Mutti sonst nur saugen kann.« So preist Handelsvertreter Jürgens in einem der berühmtesten Sketche des 2011 verstorbenen Allround-Humoristen Vicco von Bülow alias Loriot seinen Staubsauger an, den er bei der Familie Hoppenstedt loswerden wollte. Ersonnen wurde das praktische Haushaltsgerät Ende des 19. Jahrhunderts in den USA. Wo auch sonst? Wer die geniale Grundidee dazu hatte, ist umstritten und nicht genau bekannt. Es soll das Ehepaar Bissell gewesen sein, das 1876 einen gigantischen Säuberungsapparat erfunden hat. Das Gerät war auf einem Pferdewagen montiert und bestand aus einer Art Großpumpe, an die ein Schlauch angeschlossen war. Das Ganze sah aus wie einer der ersten Feuerwehrpumpenwagen. Nur dass in diesem Fall gesaugt und nicht gespritzt wurde. Der lange Schlauch wurde von außen durch Fenster und Türen der Wohnung oder des Hauses, das zu reinigen war, eingeführt.

Wie erfolgreich die Arbeit mit dem Großsauger vonstatten ging, ist nicht überliefert. Auch andere Geräte mit fragwürdigem Reinigungseffekt fanden damals im Haushalt Verwendung. Mit ihnen wurde der Schmutz nicht weggesaugt, sondern weggeblasen – eine Methode die zwar punktuelle Erfolge zeitigte, das Schmutzproblem aber in Wirklichkeit nur verlagerte.

Mit großem technischem Eifer und Erfindergeist ging ein Hausmeister aus dem US-Bundesstaat Ohio einige Jahre später daran, den Dreck und Staub innerhalb der vier Wände in den Griff zu bekommen. Er baute aus einem Ventilator, einer Seifenschachtel als Auffangbe-

Ein Vakuum-Reiniger um 1908. Durch Unterdruck sollte der Schmutz aufgesaugt werden.

hälter für den Schmutz und einem Besenstiel als Handgriff den ersten funktionierenden Vorläufer der heute gebräuchlichen Staubsauger. Sein noch etwas grobschlächtig aussehender Prototyp konnte Schmutzpartikel nicht nur durch seine Sogtechnik in den Kasten saugen, sondern wies auch noch eine rotierende Bürste auf, die in der Lage war, den Schmutz aus dicken Teppichen hervorzuholen. Der archaische Staubsauger von James Murray Spangler machte auf die Herren beim zuständigen Patentamt den nötigen Eindruck. 1908 wurde dem findigen Hausmeister das Patent auf seinen Staubsauger zugesprochen.

Auch Spanglers Cousin war beeindruckt. Dessen Firma »Hoover Harness and Leather Goods Factory« kaufte das Patent und ging in die Produktion. Hoover wurde zu einem der weltweit führenden Unternehmen im Bereich der Staubsaugerproduktion. Zu Beginn der Staubsaugergeschichte waren die Handgeräte allerdings noch sehr teuer – Luxusartikel, die sich nur reiche Haushalte leisten konnten. In großen Villen und in elitären Hotelbetrieben gab es auch Zentralgeräte. Die Häuser waren mit Rohrleitungen ausgestattet, die an ein Saugsystem angeschlossen waren. Auf jeder Etage ließen sich handliche Schläuche mit Bürstenkopf anschließen. Auf diese Weise erübrigte sich das lästige Hinterherziehen der sperrigen Staubbehälter. Auch im Staubsaugerbereich lässt sich der Fortschritt kaum aufhalten. Die Geräte saugen immer besser, werden dabei gleichzeitig leiser und energiesparender. Auch selbsttätig arbeitende Robotersauger kommen immer mehr in Gebrauch.

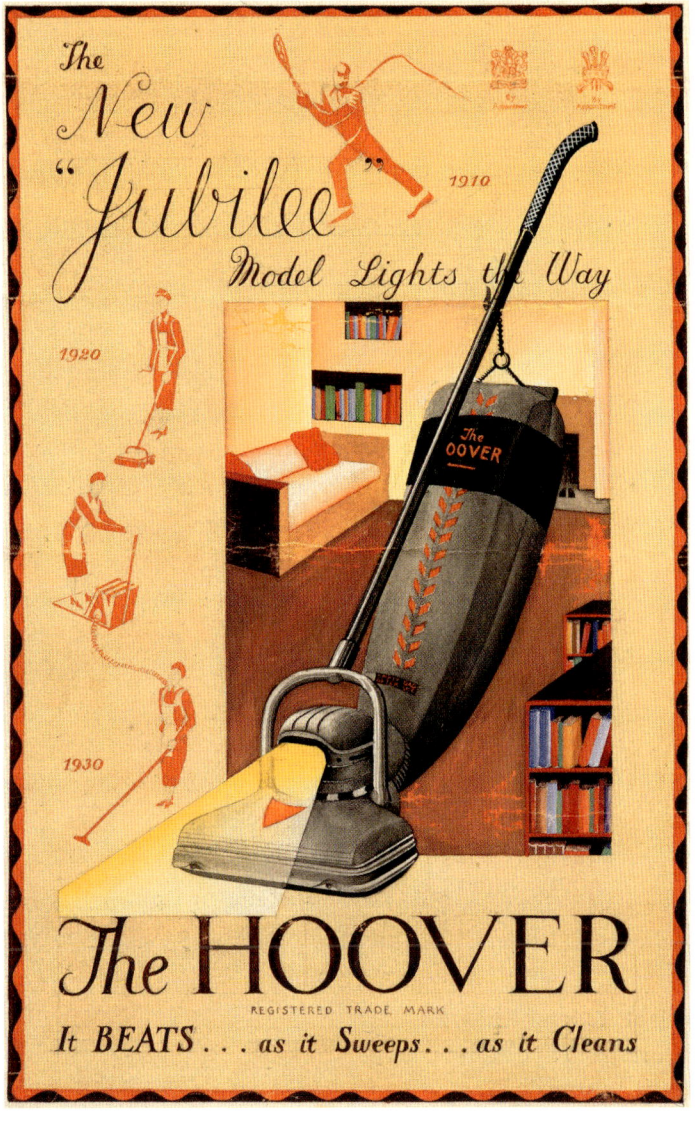

Die US-Firma Hoover wurde schnell zum Marktführer in Sachen Staubsauger.

30 Schallplatte und CD – Musik von schwarzen und silbernen Scheiben

Eine schwarze Scheibe, eine Abtastnadel, eine Membran und ein Trichter, das waren die Grundelemente einer bahnbrechenden Erfindung. Vom Grammophon bis zum CD-Spieler vergingen hundert Jahre, die voller Klangerlebnisse stecken. Emil Berliner gilt als einer der Väter des Grammophons. 1887 legte er seine wichtige Erfindung beim Patentamt vor.

Sie scheinen bei manchen eingefleischten Musikfans wieder im Trend zu sein, die kreisrunden, flachen, schwarzen Scheiben. Die Kenner schwören auf die musikalische Klangwiedergabe der guten alten Schallplatte. Sie stöbern danach nicht nur auf Flohmärkten, sondern werden sogar wieder von der Musikindustrie bedient, die Aufnahmen gefragter Interpreten wieder auf Schallplatte veröffentlicht. Auch die Hersteller von Schallplattenspielern haben ihre Produktion keineswegs eingestellt, sondern stellen immer noch hochwertige Apparate her.

Außer einigen technischen Raffinessen und dem modernen Aussehen hat sich seit dem Urmodell des Schallplattenspielers, dem Grammophon, eigentlich nicht viel verändert. Das Grundprinzip ist das gleiche geblieben, seitdem Emil Berliner seine Erfindung patentieren ließ. Als junger Mann war der 1851 in Hannover geborene Berliner in die Vereinigten Staaten ausgewandert. Er war einer jener Tüftler, die mit ihren Erfindungen die Welt verändern wollten. Zuerst hatte es ihm die Telefontechnik angetan. Dann beschäftigte er sich mit einem verwandten Feld, der Sprachaufnahme. 1877 hatte er ein Mikrofon entwickelt, für das sich die Telefongesellschaft Bell interessierte und die Produktionsrechte daran für 75 000 US-Dollar erwarb.

Für die damalige Zeit war das eine enorme Summe. Berliner steckte einen Teil dieses Geldes in sein neues Projekt. Er wollte einen Apparat verbessern, den sein Erfinderkollege Thomas Alva Edison 1877 kreiert hatte. Mit Edisons Phonograph konnte man Sprache aufnehmen und abspielen. Auf eine Walze war dünne Stanniolfolie aufgespannt. Sprach man über einen Trichter in eine Schalldose, wurde die darin angebrachte Membran in Schwingung versetzt. Die Membran wiederum war mit einer Nadel verbunden, die die Schwingungen auf das sich drehende Stanniolblatt einritzte. Umgekehrt konnte

Eine Briefmarke der Deutschen Post zeigt drei wichtige Erfindungen im Audiobereich: das Grammophon, das Tonbandgerät und den mp3-Player.

IN DEUTSCHLAND ZU HAUSE
EINFALLSREICHTUM
DEUTSCHE ERFINDUNGEN

55

2011

man diese Einritzungen wieder hörbar machen, wenn die Nadel diese abtastete. Diese Abtastbewegungen wurden durch eine Membran verstärkt und als akustisches Signal über einen Trichter hörbar gemacht.

Berliner kam auf die Idee, anstatt der Walze eine flache tellerrunde Folie zu benutzen, auf die die Nadel ihre Einritzungen vornehmen konnte. Sein Patent, das er 1887 als »Verfahren und Apparat für das Registrieren und Wiederhervorbringen von Tönen« auch in Deutschland anmeldete, hatte gegenüber der Erfindung von Edison einen großen Vorteil: Das Gerät von Berliner war einfacher zu bedienen, und mit einer flachen Scheibe aus Zinkblech stand ein vollkommen neuer Tonträger zur Verfügung, der neue Möglichkeiten bot. Die Platte von zwölf Zentimeter Durchmesser kam auf eine Spieldauer von einer Minute. Sie drehte sich mit einer rasanten Geschwindigkeit von 150 Umdrehungen pro Minute um ihre eigene Achse und ließ sich leichter duplizieren als die Stanniolfolie.

Seinem Abspielgerät gab Berliner den wohlklingenden Namen *Grammophon*. Der Apparat war schon sehr weit ausgereift, aber den Tonträgern mangelte es an der nötigen Abspielqualität. Daher konzentrierte sich Berliner in den folgenden Jahren auf die Verbesserung des Tonträgers. 1895 war es so-

Der Hund, der am Schalltrichter eines Grammofons lauscht, zählte zu den bekanntesten Markenzeichen auf vielen Schellack- und Vinylscheiben.

Neben den Schallplatten als Datenträger für Tonaufnahmen wurde in den 1920er- und 1930er-Jahren die magnetische Aufzeichnung erfunden. Die Allgemeine Elektricitäts-Gesellschaft (AEG) präsentierte 1935 in Berlin auf der Deutschen Funk-Ausstellung das weltweit erste Tonbandgerät. Die Audio-Information ist dabei in Form von kleinen Magnetfeldern auf dem Band gespeichert. In den 1970er-Jahren setzte sich im Amateurbereich die kleinere Compact-Cassette durch, die sich leichter handhaben ließ.

Emil Berliner erfand 1887 das Grammofon und wurde zum Mitbegründer der Schallplattenfirma Deutsche Grammophon, der ersten Fabrik, die ausschließlich Schallplatten herstellte.

weit. Berliner hatte mit einer Rezeptur aus Naturharz, Gesteinsmehl, Ruß und Pflanzenfasern die richtige Mischung gefunden und kam mit der ersten Schellackplatte auf den Markt. 60 Jahre lang sollte sie den Markt beherrschen. Erst in den 1950er-Jahren wurde die Schellackplatte durch eine Schallplatte aus dem biegsamem Kunststoff Vinyl ersetzt. Dieses Material hat gegenüber der Schellackplatte den Vorteil, dass es nicht so schwer und weniger zerbrechlich ist. Auch die Drehgeschwindigkeit hatte man bei Lang-

Der Begriff Kunstkopf bezeichnet eine spezielle Tonaufnahmetechnik. Der Kunstkopf besteht aus der Nachbildung eines menschlichen Kopfes, bei dem am Eingang der Gehörgänge je ein Mikrofon mit Kugelcharakteristik eingebaut ist. Dadurch wird eine Aufnahme und Klangwiedergabe ermöglicht, die dem menschlichen Klangempfinden sehr nahe kommt und bei der man nicht nur links und rechts, sondern auch vorne und hinten, oben und unten als akustische Richtung unterscheiden kann. 1973 wurde auf der Berliner Funkausstellung ein erstes Hörspiel in Kunstkopftechnik präsentiert.

spielplatten auf 33 und bei Singles auf 45 Umdrehungen pro Minute reduziert, was eine längere Abspielzeit ermöglichte.

In den 1950er-Jahren wartete die Schallplattenindustrie mit einer weiteren Sensation auf. Konnte man bis dahin seine Lieblingssongs nur im Monoklang genießen, war es ab sofort möglich, für das rechte und das linke Ohr verschiedene Klangimpressionen zu bieten. Auf diese Weise erhielt man einen räumlichen Eindruck der Musikaufnahme. Hatte der Sänger bei der Aufnahme des Liedes im Studio links vom Gitarristen gestanden, ließ sich diese Aufnahme-Situation durch die Stereo-Schallplatte wiedergeben. Einen Schritt weiter gingen in den 1970er-Jahren die Quadrofonie- und die Kunstkopftechnik, die einen perfekten Raumklang bot.

Fast hundert Jahre lang bestimmten die schwarzen Scheiben den Musikmarkt, dann begann 1983 mit der silbernen Compact Disc eine neue Ära. Werden bei der Schallplatte die Rillen mechanisch mit einer Nadel abgetastet, an einen Magneten oder eine Spule weitergeleitet und in elektrische Signale umgewandelt, sind es bei der CD digitalisierte Daten, die durch einen Laserstrahl abgetastet und in Töne umgewandelt werden. Diese berührungsfreie Technik hat gegenüber der Schallplatte den Vorteil, dass die Datenträger völlig verschleißfrei abgespielt werden können. Außerdem erspart sich der Musikliebhaber das lästige Umdrehen der Schallplatte. CDs werden nur auf einer Seite bespielt, fassen eine hohe Datenmenge und garantieren eine lange Abspieldauer.

Die neuen Silberscheiben hatten es zunächst nicht leicht, sich gegenüber der schwarzen Konkurrenz zu behaupten. Noch einige Jahre wurde jede Neuveröffentlichung auch noch als Schallplatte gepresst. Heute sieht das anders aus. Schallplatten sind die Exoten auf dem Tonträgermarkt, die aber immer noch ihre Liebhaber haben. 1991 wartete die Unterhaltungstechnikindustrie mit einer neuen Sensation bei den Silberlingen auf. Bespielbare CDs wurden auf den Markt gebracht. Sie machen es sehr einfach, bespielte Original-CDs in hervorragender Qualität zu kopieren. Die Folge war, dass der Musikmarkt mit Raubkopien überschwemmt wurde, was der Musikindustrie große Verluste brachte. Mit Codierungen versuchte man dies zu verhindern.

Ganz ohne körperlichen Tonträger kommt die MP3-Technik aus. Die Audiodaten werden hierbei digital gespeichert und können aus dem Internet gegen Bezahlung heruntergeladen werden.

31 Die Glühlampe – ein Licht geht auf

Pechfackeln, Öllampen und Kerzen wurden eingesetzt, um Licht ins Dunkel zu bringen. Doch bis die Glühlampe die Welt erhellte, mussten viele Erfindungen gemacht werden. 1879 ging dem amerikanischen Erfinder Thomas Alva Edison das entscheidende Licht auf.

Mit Fackeln und Feuer versuchten die Menschen schon seit Urzeiten Licht ins Dunkel zu bringen und die Nacht zum Tag zu machen. Heute braucht man nur einen Schalter zu betätigen, und das Licht geht an. Möglich gemacht hat das die Erfindung der Glühlampe. Wer sie tatsächlich erfunden hat, liegt im Dunkeln. Es steht fest, dass zeitgleich mehrere Personen an verschiedenen Orten an der Erfindung einer Lichtquelle arbeiteten. Eine dieser Lichtgestalten war Sir Humphrey Davy. Der Professor aus London sorgte in Frankreich für Wirbel, als er den Bürgern von Lyon 1855 mit einer öffentlichen Beleuchtungsaktion einen spektakulären Lichteffekt bescherte. Der Physiker hatte sich Ergebnisse der noch jungen Elektrizitätsforschung zunutze gemacht. An den Elektroden der neu entwickelten Batterie entstanden leuchtende Funkenentladungen. Diese Funken aktivierten die natürlich vorhandene elektrische Ladung in der Luft und bildeten einen Lichtbogen zwischen den beiden getrennten Elektroden.

Für die dauerhafte Beleuchtung von Straßenzügen waren diese Lichtspektakel von Davy aber zu aufwändig. Daher verließ man sich im 19. Jahrhundert doch lieber auf die Gaslaterne. Durch Davys »Lichtspiele« wurden Tüftler wie Thomas Alva Edison auf den Plan gerufen. Der amerikanische Erfinder präsentierte 1879 die elektrische Glühlampe. Etwas Ähnliches hatte 35 Jahre zuvor schon der in New York lebende deutschstämmige Uhrmacher und Optiker Heinrich Göbel ersonnen. Allerdings hatte er in seinem Erfindereifer vollkommen vergessen, seine Errungenschaft beim Patentamt anzumelden. Daher gilt Edison als der Erfinder der Glühlampe. Durch viele Versuche hatte er es geschafft, aus Hunderten von Materialien den geeigneten Glühfaden zu finden. Bei einem Versuch brachte es ein Karbonfaden auf eine Brenndauer

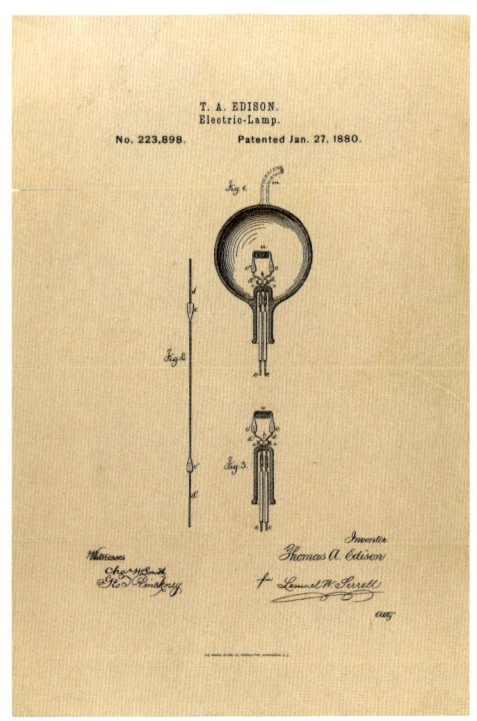

Eine technische Zeichnung von Thomas Edison zeigt die Konstruktionsanleitung seiner Erfindung.

von 40 Stunden. Edison war begeistert. Da er nicht nur ein guter Erfinder, sondern auch ein guter Geschäftsmann war, startete er sofort die Großproduktion der neuen Glühlampen, die einen Siegeszug antraten.

Mit der Erfindung und Vermarktung der Glühlampen ging die flächendeckende Elektrifizierung der Großstädte einher. Die Prachtboulevards der Metropolen erstrahlten in hellem Glanz, und auch in vielen Haushalten gingen die Lichter an. Seit 1910 nutzt man statt eines Karbonfadens einen Glühfaden aus Wolfram, das von allen Metallen den höchsten Schmelzpunkt und den zweithöchsten Siedepunkt aufweist. Diese Eigenschaft ist besonders wichtig, denn das Prinzip der Glühlampe beruht auf der Wärmewirkung des elektrischen Stromes. Der dünne Draht in der Lampe wird regelrecht zur Weißglut gebracht. Damit der Draht dabei nicht verglüht, befindet er sich in einem luftentleerten Glaskolben, der mit einem Edelgas gefüllt ist.

Da dieses Prinzip mehr Wärme als Licht erzeugt – das Verhältnis liegt bei 95 Prozent Wärme zu fünf Prozent Lichtausbeute –, hat man in den 1990er-Jahren die wirtschaftlicher arbeitende Energiesparlampe entwickelt. Sie verbraucht weniger Strom und verspricht eine längere Lebensdauer. Negative Schlagzeilen machte diese neue Generation der Kompaktleuchtstofflampen allerdings, weil sie hochgiftiges Quecksilber enthalten und daher als Sondermüll entsorgt werden müssen. Eine vielversprechende und relativ neue Technik auf dem Leuchtmittelmarkt ist die LED, die Licht emittierende Diode. Sie hat eine enorme Leuchtkraft bei sehr geringem Energieverbrauch und hoher Lebensdauer.

Ihm ging das entscheidende Licht auf – Thomas Alva Edison. Die Fotografie zeigt den Erfinder im Jahr 1915.

32

Das Auto – auf vier Rädern durch die Welt

Schon sehr früh dachten Erfinder und Tüftler über ein Fahrzeug nach, das sich ohne Zugtiere fortbewegen sollte. Aber erst ab Mitte des 19. Jahrhunderts gelang Automobilbau-Pionieren wie Daimler, Maybach, Otto oder Diesel der entscheidende Durchbruch.

Es waren sonderbare Vehikel, mit denen Erfinder vergangener Tage automobiles Fahren erproben wollten. Sich auf Rädern fortzubewegen, ohne dabei von Pferden gezogen zu werden, war schon seit langer Zeit ein Traum der Menschheit. Außer der tierischen Antriebskraft gab es auch andere Entwicklungen. So bauten die Griechen im Jahr 400 v. Chr. einen Belagerungsturm, der durch menschliche Muskelkraft angetrieben wurde. Das Militärgerät basierte auf dem Mechanismus eines Tretautos. Auch Leonardo da Vinci dachte rund tausend Jahre später in diese Richtung und konstruierte 1490 einen Panzerwagen, der über das Planungsstadium jedoch nicht hinauskam. Für die flachen Niederlande konzipiert war um 1600 ein Segelwagen, der rund 30 Personen fasste. Nicht gerade ungefährlich war die Idee des niederländischen Konstrukteurs Christiaan Huygens. Der baute ein Gefährt, das mit Schießpulver als Brennstoff betrieben wurde. Seine Probefahrten lockten viele Schaulustige auf die Straßen, die sich diesen besonderen Knalleffekt nicht entgehen lassen wollten.

Ein zeitgenössisches Bild aus dem Jahr 1649 zeigt zwei Segelwagen, die an einem Strandabschnitt in den Niederlanden für Aufsehen sorgen.

An Ideen mangelte es nicht, wohl aber am richtigen Antrieb für den tierlosen Individualverkehr. Besser in Fahrt kam die Mobilitätsbewegung, als man die Dampfmaschine erfunden hatte. 1769 baute der französische Ingenieur Nicolas Joseph Cugnot eine dampfbetriebene Zugmaschine, die für die Artillerie zum Einsatz kommen und schwere Geschütze schleppen sollte. Allerdings hatte sie schon mit ihrem hohen Eigengewicht genug Probleme, kam nur mühsam von der Stelle und ließ sich kaum lenken. Erst als es gelang, kleinere Dampfkessel für die Maschinen zu bauen, konnte man mehr dampfbetriebene Fahr-

zeuge auf den holprigen Straßen des 19. Jahrhunderts sehen. In England beispielsweise wurde zwischen der Hauptstadt London und Bath eine Dampfomnibuslinie betrieben.

1860 ließ sich der Franzose Etienne Lenoir einen neuartigen Verbrennungsmotor patentieren, der mit Gas betrieben wurde. Er baute ihn in ein Fahrzeug ein und absolvierte erfolgreich die Teststrecke Paris – Joinville-le-Pont. An der Entwicklung Lenoirs orientierte sich der Deutsche Nikolaus August Otto und baute einen Viertaktmotor, der leistungsstärker als das Lenoir-Modell war. Diese neue Generation der Wärmekraftmaschine ging als Ottomotor in die Automobilgeschichte ein.

Nicht mit einem Gas-Luftgemisch als Brennstoff, sondern mit flüssigem Benzin wurde das erste Automobil der Welt betrieben. Konstruiert hatte es Carl Benz, der darauf im Jahr 1886 ein Patent anmeldete. Das Gefährt sah

Mehr Kutsche als Auto – Benz sorgt 1888 mit seiner Erfindung für erstaunte Blicke unter den Passanten.

Die zum Antrieb nötige Kraft wird beim Automotor durch einen Verbrennungsvorgang erzeugt. Dabei wird in eine Brennkammer, den Zylinder, ein leicht entflammbares Gemisch aus Kraftstoff und Sauerstoff gasförmig eingesprüht und durch einen Zündfunken zur Explosion gebracht. Bei jeder der kleinen Explosionen wird in den Zylindern des Autos ein Kolben in Bewegung gesetzt, der die entstehende Wärmeenergie in mechanische Energie umwandelt und auf die Antriebsachse des Autos weitergibt.

> »Das Automobil ist so erfolgreich, dass es nur einen wirklichen Feind hat, nämlich sich selbst. Seine massenhafte Verbreitung ist eine Herausforderung an die Zukunft des Straßenverkehrs.«
> Eberhard von Kuenheim

aus wie ein Kutschbock mit drei Rädern. Mit einer Drehkurbel konnte man das kleinere Vorderrad lenken. Der benzinbetriebene Dreiradwagen von Benz war zwar das gut funktionierende Produkt eines genialen Erfinders, aber niemand wollte etwas davon wissen. Man hatte Angst vor der Krach-Maschine und hielt den herkömmlichen Pferdeantrieb für die bessere Lösung. Dass sich die Erfindung von Benz aber dennoch durchsetzen konnte, geht auf die mutige Initiative seiner Frau Bertha zurück. Um zu zeigen, wozu das Gefährt ihres Mannes imstande war, brach sie 1888 ohne das Wissen ihres Gatten zu einer Probefahrt von Mannheim bis Pforzheim auf. Gemeinsam mit ihren beiden Söhnen absolvierte sie die 100 Kilometer lange Strecke in nur einem Tag – Rekordzeit für damalige Verhältnisse. Berühmt wurde diese abenteuerliche Fahrt auch durch den legendären Tankstopp an einer Apotheke. Als sie den Tank leergefahren hatte, kaufte Bertha Benz dem erstaunten Apotheker seinen gesamten Vorrat an Reinigungsbenzin ab, um ihre Fahrt fortsetzen zu können. Eine bessere Werbung für sein kritisch beäugtes Gefährt hätte sich Carl Benz nicht wünschen können. Die vielbeachtete Aktion seiner Frau verhalf seiner Erfindung zum Durchbruch. Ab 1894 konnte Benz mit der Serienproduktion seines Fahrzeuges beginnen.

Neben Benz hatten sich auch noch weitere deutsche Ingenieure mit dem Bau eines neuartigen Kraftwagens beschäftigt, darunter Gottlieb Daimler und sein Mitarbeiter Wilhelm Maybach, die ebenfalls als wichtige Pioniere des Automobilbaus gelten. Nachdem die beiden zunächst ein Zweirad motorisierten und damit als Väter des Motorrades in die Geschichte eingingen, bauten sie schließlich einen vierrädrigen Kutschenwagen, den sie mit einem Verbrennungsmotor ausstatteten. Zu einer weiteren wichtigen Figur der Automobilhistorie wurde der Ingenieur Rudolf Diesel, der 1892 den nach ihm benannten Motor präsentierte, der neben dem Ottomotor zum gängigsten Antrieb für Automobile geworden ist.

Schon gegen Ende des 19. Jahrhunderts schossen die Automobilhersteller nur so aus dem Boden. Es waren kleine Betriebe, in denen die Fahrzeuge in Einzelfertigung hergestellt wurden. Wegen der aufwändigen und teuren Produktionstechnik waren es Luxusartikel, die sich nur reiche Liebhaber erlauben konnten. Erst als der US-amerikanische Autobauer Henry Ford auf die revolutionäre Idee kam, sein T-Modell durch Fließbandfertigung zum Massenprodukt zu machen,

Drei Autogenerationen nebeneinander – die Deutsche Post gab im Jubiläumsjahr 1986 diese Briefmarke heraus.

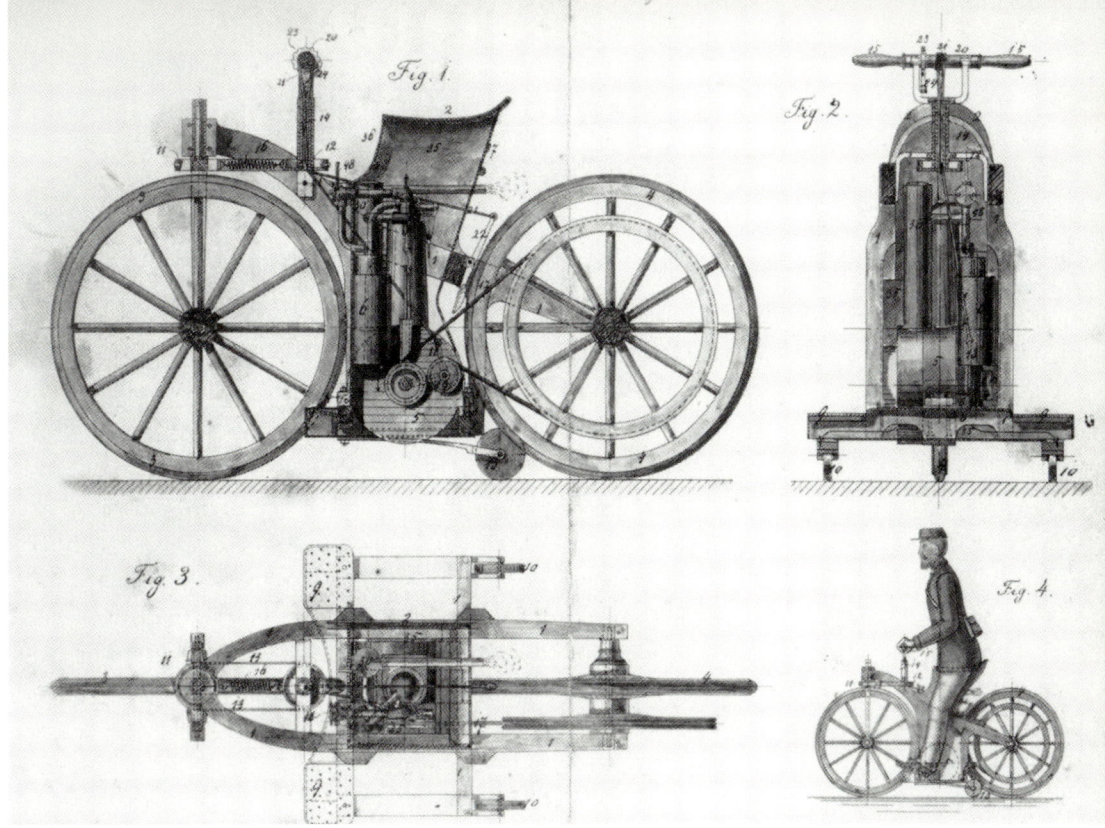

Fig. 1.

Fig. 2.

Fig. 3.

Fig. 4.

wurden Automobile für einen größeren Kundenkreis erschwinglich. Heute beläuft sich die Zahl der zugelassenen Fahrzeuge weltweit auf rund eine Milliarde. Das meist verkaufte Automodell der Welt ist mit 21 Millionen der VW-Käfer. Hatten sich die Autobauer in der Vergangenheit an Leistung und Größe ihrer chromblitzenden Fahrzeuge gegenseitig überboten, liegt der Entwicklungsschwerpunkt heute auf Sicherheit und einem möglichst geringen Verbrauch an fossilen Brennstoffen. Alternative Antriebe wie der Elektromotor und die Brennstoffzelle sind in Entwicklung.

Dieser motorisierte Reitwagen von Daimler gilt als der Vorläufer der heutigen Motorräder.

Rudolf Diesel experimentierte mit verschiedenen Kraftstofftypen, bis er die ideale Mischung gefunden hatte. 1892 konstruierte er auf der Basis seiner Testergebnisse einen Motor, der anders als der Ottomotor selbstzündend arbeitete. Bei seinem Dieselmotor wurde zunächst die Luft im Zylinder stark komprimiert und dadurch hoch erhitzt. Dann wurde das Kraftstoff-Luft-Gemisch eingespritzt, das sich durch die große Hitze im Zylinder selbst entzündete. Zündkerzen als Impulsgeber waren bei diesem Prinzip überflüssig. Schon ein Jahr später, 1893, konnte Diesel seine Konstruktion der Fachwelt präsentieren. Der Kraftstoff und der damit betriebene Motor erinnern bis heute an den Namen des Erfinders.

33 Kochstellen – vom Lagerfeuer bis zur Mikrowelle

Die Menschen der Frühzeit brieten ihr Fleisch am offenen Lagerfeuer. Es dauerte Tausende von Jahren, bis man die Feuerstelle in die Behausung verlegte und damit die Geschichte des Herds in Gang brachte. 1893 wurde auf der Weltausstellung in Chicago der erste Elektroherd präsentiert.

Das Feuer brachte Licht und Wärme in den Alltag des prähistorischen Menschen. Aber nicht nur als urzeitliche Heizung, sondern auch als Kochstelle wurde das Lagerfeuer genutzt. Wegen der Rauchentwicklung und des gefährlichen Funkenflugs dauerte es jedoch lange, bis sich die Menschen dazu entschlossen, die Feuerstellen in ihre Behausungen zu holen. Ausgrabungen belegen, dass man damit um etwa 35 000 v. Chr. begonnen hat. Die Feuerstellen wurden zunächst auf dem flachen Boden betrieben. Erst später ging man dazu über, sie auf Steinsockel zu setzen. Die urzeitlichen Herde bildeten den Mittelpunkt der kargen Einraumhütten. Es war ein großer Fortschritt, als Kochkessel Einzug in die Küchen hielten. Sie wurden an einem Gestänge befestigt und über die Feuerstelle gehängt.

Bei den Hochkulturen der Antike änderten sich die Ernährungsgewohnheiten grundlegend. Sumerer, Ägypter, Griechen und Römer verfügten über eine vitale Gasthauskultur. Da viele Bürger in den dicht besiedelten Städten nicht über eigene Kochstellen verfügten, mussten sie Garküchen aufsuchen, wenn sie warme Mahlzeiten einnehmen wollten. Diese »Popinae« waren zur Straße hin offene Ladenlokale mit gemauerten Theken, in die muldenartige Feuerstellen eingearbeitet waren. Darüber hingen Kessel, in denen einfache Speisen gegart wurden – eine frühe Form der Fast-Food-Gastronomie.

Im frühen Mittelalter verlegte man die Kochstellen von der Mitte des Raumes an eine der Wandseiten und baute Kamine, durch die der Rauch abziehen konnte. Diese Abzüge nutzte man auch als Räucherkamine für Würste und Speck. Die offenen Feuerstellen hatten den großen Nachteil, dass zu viel Wärme ungenutzt verloren ging. Der Verbrauch an Holz war enorm. Daher ging man ab dem 16. Jahrhundert dazu über, die Feuerstellen zu ummauern und nach oben hin mit einer Metallplatte abzudecken, auf die man die Töpfe und Pfannen stellen konnte. Ein wahrer Universalofen hielt im 19. Jahrhundert Einzug in die Küchen der reichen Bürger. Er war mit einem Backofen, mit einem Warmhalteschrank und mit einem Glasgefäß ausgestattet, in dem man Wasser erwärmen konnte. Diese schmucken Herde sind

Kochen auf offenem Feuer – eine Herdstelle im späten Mittelalter.

heute begehrte Sammlerobjekte. Nicht mehr mit Kohle oder Holz, sondern mit Gas wurde eine neue Herdgeneration betrieben. Die klaren Vorteile dieser neuen Öfen waren die konzentrierte Hitze und gute Regulierbarkeit der Flamme, weswegen sie auch heute noch von Profiköchen geschätzt werden.

Schon Mitte des 19. Jahrhunderts hatte George B. Simpson den Vorläufer eines Elektroherds erfunden. In die Platte eines Kohleherds baute er einen Draht ein, der durch elektrischen Strom erwärmt wurde. 1859 erhielt er darauf ein US-Patent. Doch die Erfindung setzte sich nicht durch, denn es gab kaum Haushalte, die über einen Stromanschluss verfügten. Außerdem hatte der Herd keine Temperaturregelung, sondern nur einen An- und Ausschalter. Es bedurfte noch einiger Verbesserungen, bis 1893 auf der Weltausstellung in Chicago eine ausgereifte Weiterweiterentwicklung des Elektroherds präsentiert werden konnte, der sich allmählich in den Küchen durchsetzte.

Mitte des 20. Jahrhunderts kam mit dem Mikrowellengerät ein futuristisch anmutender Kochapparat auf den Markt. Dabei werden die Wassermoleküle der Nahrungsmittel durch Mikrowellenstrahlung erhitzt. Doch damit ist die Entwicklung noch lange nicht zu Ende. Flache Ceranfelder aus Spezialglas haben die herkömmlichen Metallplatten abgelöst. Bei der neuen Generation, den Induktionsherden, wird die Wärme nicht mehr in der Kochstelle, sondern im Kochgefäß erzeugt. Dazu sind jedoch Kochgeschirre mit ferromagnetischen Böden erforderlich.

Die Kochstelle als Mittelpunkt des häuslichen Lebens – ein Gemälde von Pieter Brueghel (1564–1638).

34 Film und Kino – als die Bilder laufen lernten

Schon im 17. Jahrhundert begeisterten Jahrmarktsgaukler die Menschen durch Bildervorführungen mit der Laterna Magica. Noch größer war das Erstaunen, als die Bilder laufen lernten und bewegte Bilder die Leinwände eroberten. 1895 präsentierten die französischen Brüder Auguste und Louis Lumière die erste Kinovorführung auf europäischem Boden.

Schaukästen für Stereoskopie wurden Ende des 19. Jahrhunderts zu einer großen Publikumsattraktion. Gegen Entgelt konnte man sich vor einen Guckkasten setzen, die Augen an zwei Sehschlitze drücken und durch diese Öffnungen Fotografien betrachten. Diese waren mit einem Spezialverfahren aufgenommen worden und vermittelten dem Betrachter einen räumlichen Effekt – 3-D-Kino mit unbewegten Motiven. Schon rund 200 Jahre zuvor, Mitte des 17. Jahrhunderts, hatte man mit der sogenannten Laterna magica die Menschen in Erstaunen und Entzücken versetzt. Mit Hilfe einer Glaslinsenoptik und dem Schein einer Kerze projizierte die Zauberlaterne auf Glas gemalte Bilder vergrößert an eine Wand. Mit diesen Apparaten traten Schausteller auf Jahrmärkten auf und begeisterten ihr Publikum – eine Frühform einer öffentlichen Diaschau.

Die Idee, Bilder auch zum Laufen zu bringen, beschäftigte viele Erfinder. 1832 wurde das Phenakistiskop erfunden. Ein Tüftler aus Belgien und einer aus Österreich erfanden diese Maschine unabhängig voneinander. Auf einer Scheibe wurden dabei Bilder kreisförmig angeordnet, die verschiedene Phasen eines Bewegungsablaufes zeigten. Versetzte man diese Scheibe in Rotation, entstand beim Betrachter ein filmartiger Eindruck. Die Bilder hatten

Filme bestehen aus vielen Einzelbildern. Der Eindruck der Bewegung entsteht dadurch, dass diese Bilder in sehr schneller Folge hintereinander abgespielt werden. Ab 15 Bildern pro Sekunde ist das Auge überlistet und die Illusion perfekt. Es nimmt dann keine einzelnen Bilder mehr wahr, sondern nur noch den Filmeffekt, der dem Gehirn vorgaukelt, es mit einer durchgängig bewegten Handlung zu tun zu haben. Je mehr Bilder pro Sekunde gezeigt werden, desto realitätsnaher ist die optische Täuschung. Im Kino sind es 24 Bilder pro Sekunde, im Fernsehen 60 Bilder pro Sekunde, die gezeigt werden.

Solche Guckkästen
waren auf Jahrmärkten
im 19. Jahrhundert die
große Attraktion für Jung
und Alt.

Laufen gelernt – dank eines ähnlichen Effekts, wie man ihn auch beim sogenannten Daumenkino erzielt. Das Grundprinzip des Films war damit entdeckt. Es galt nun, dieses Prinzip zu verbessern.

Es war einmal mehr der US-Universal-Erfinder Thomas Alva Edison, der
um 1890 mit seinem Kinetoskop erste Maßstäbe in der Filmgeschichte
setzte. Mit seinem Apparat konnte man bewegte Bilder aufzeichnen und abspielen. Ein Nachteil des Systems bestand allerdings darin, dass immer nur
ein Betrachter das Vergnügen an den bewegten Bildern haben konnte, die
man in einem Guckkasten betrachtete. Etwas weiter gingen die beiden französischen Brüder Auguste und Louis Lumière. Sie können für sich bean-
spruchen, die erste Kinovorführung in Europa gezeigt zu haben. Bei der
weltweiten Premiere soll ihnen ein Amerikaner zuvor gekommen sein. Am
28. Dezember 1895 präsentierten die beiden Franzosen im Pariser »Grand
Café« vor zahlendem Publikum selbst gedrehte Kurzfilme. Den Besuchern
der Vorstellung wurden banale Alltagsbilder gezeigt, wie etwa eine Straßen-
szene in Lyon oder die Einfahrt eines Zuges in einen Bahnhof, aber die bewegten Bilder versetzten die Menschen in Erstaunen und Begeisterung. Die
Brüder Lumière gingen mit ihrem *Cinématographen* auf Welttournee. Dieser Apparat gab den Filmtheatern, die sich in großen und kleinen Städten
schnell etablierten, ihren Namen: Cinemas.

»Kino ist ein Vorwand,
sein eigenes Leben ein
paar Stunden lang zu
verlassen.«
Steven Spielberg

Eine Laterna magica in Form einer kleinen Moschee. Gedacht war sie für den Salon reicher Bürger und die Kinder betuchter Eltern.

Die Begeisterung für die neue Attraktion war zu Beginn so groß, dass es gar nicht auf die Inhalte der Filmszenen ankam. Alles, was sich irgendwie bewegte, wurde gefilmt und in den Kinos dem staunenden Publikum präsentiert. Auch die Kameratechnik war nicht sonderlich einfallsreich. Mit starrem Objektiv wurden Alltagsszenen wie Militärparaden, Staatsbegräbnisse oder flanierende Menschen aus nur einer Perspektive gezeigt. Auf Dauer wurde das für Macher wie für Betrachter zu langweilig. Daher begannen die ersten Produzenten damit, kleine fiktive Geschichten mit Schauspielern zu inszenieren. Auch die ersten Filmtricks wie Überblendungen von einzelnen Bildern und eine ausgefeilte Schneidetechnik wurden zu Beginn des 20. Jahrhunderts für die Prototypen der ersten Spielfilme genutzt. Auf diesem Gebiet tat sich besonders der Franzose Georges Méliès hervor. Der Mann war bezeichnenderweise Zauberer und Theaterbesitzer. Er gilt als einer der Erfinder der Filmtricktechnik, ohne die Kino heute kaum denkbar wäre.

Die ersten Streifen der Kinogeschichte waren Stummfilme. Der erste Kassenschlager in den US-Kinos wurde 1915 das Stummfilmepos »The Birth of a Nation«, eine dreistündige Familiensaga, die zur Zeit des Amerikanischen Bürgerkriegs spielt. Über die technischen Möglichkeiten, zu den einzelnen Filmszenen auch die passenden Geräusche und die Stimmen der Schauspieler wiederzugeben, verfügte man noch nicht. Um die Inhalte und die Dialoge dieses ersten Spielfilms zu vermitteln, wurden an den entsprechenden Stellen Textkästchen eingeblendet, und für die nötige Geräuschkulisse sorgte ein Pianist, der die einzelnen Szenen mit jeweils passenden heiteren, melancholischen oder mit aufpeitschenden Klängen untermalte.

Zu Beginn der 1920er-Jahre verlor der Mann am Klavier seinen Job. Der Tonfilm setzte sich durch. Möglich gemacht hatte das der aus Polen stammende US-Ingenieur Józef Tykocinski-Tykociner. Er war der erste, dem es gelang, die Bildspur der Filmrollen mit einer Tonspur zu kombinieren und damit Bild und Klang synchron wiederzugeben. Damit begann eine neue Ära in den Kinos. Doch viele Schauspieler protestierten und wollten den neuen Trend nicht mitmachen. Hatten sie zuvor mit großer stummer Mimik und Gestik ihre Kunst auf die Leinwand gebracht, fürchteten sie durch die Vertonung den Verlust der theatralischen Ausdruckskraft, die sie so sehr

schätzten. Ein erbitterter Gegner des Tonfilms war anfangs auch der Stumm-
filmstar Charlie Chaplin. Doch auch er konnte den Siegeszug des Tonfilms
nicht aufhalten. 1927 brachte die heute noch existierende Filmprodukti-
onsgesellschaft Warner Brothers den ersten abendfüllenden Tonfilm in die
Kinos. »The Jazz Singer«, ein Musical, das schon auf den Bühnen des New
Yorker Broadway Erfolge gefeiert hatte, wurde in der Filmversion abermals
ein Kassenschlager. Zu einer riesigen Filmindustriemetropole und zum In-
begriff des Filmgeschäftes wurde das US-amerikanische Hollywood. In dessen vielen Aufnahmestudios wurde wie am Fließband produziert und
wiederholt Filmgeschichte geschrieben. Mittlerweile hat sich auch in Indien
und im afrikanischen Nigeria eine gigantische Filmindustrie etabliert.

Als sich das Fernsehen mehr und mehr durchsetzte, begann ein Kino-
sterben. Die traditionellen Lichtspielhäuser hatten ausgedient. Durch auf-
wändige Filmproduktionen, durch Verbesserungen in der Tonwiedergabe,
wie dem Dolby-Surround-Klang, oder durch 3-D-Filme und nicht zuletzt
durch ein vielseitiges Gastronomieangebot sind Kinobesuche heute wieder
voll im Trend und zum Erlebnis geworden.

Sie brachten den Bildern
das Laufen bei – die französischen Brüder Louis-
Jean (links) und Auguste
(rechts) Lumière.

35 Röntgenstrahlen – Durchblick für Medizin und Technik

1895 sorgte das Foto des Skeletts einer Frauenhand für Schlagzeilen. Es war die Hand von Bertha Röntgen, der Frau eines deutschen Physikers, der damals eine spektakuläre Zufallsentdeckung gemacht hatte – eine Entdeckung, die vor allem die Medizin revolutioniert hat.

Der Physiker Wilhelm Conrad Röntgen war Ende des 19. Jahrhunderts mit Forschungsarbeiten an der Universität in Würzburg beschäftigt. Der 1845 in Lennep geborene Wissenschaftler hatte im Fränkischen eine Professur für theoretische Physik übernommen. Röntgen wollte der Ursache der Leucht-erscheinungen bei der Kathodenstrahlung auf den Grund gehen und in diesem Zusammenhang die Wirkung von Ionen und Elektronen untersuchen.

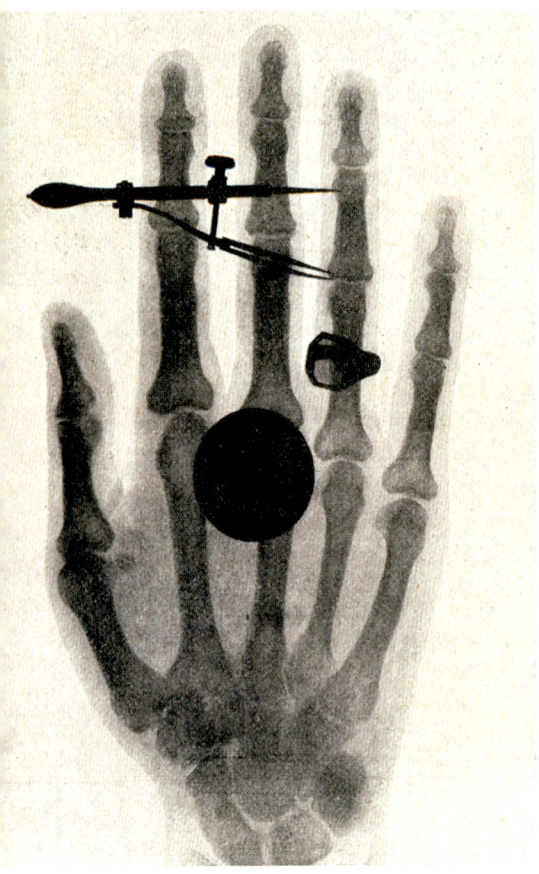

Die Aufnahme der Hand von Bertha Röntgen machte Geschichte.

Bei seinen Versuchen machte er eines Tages eine interessante Entdeckung. Obwohl sein Labor völlig abgedunkelt war, fiel ihm auf, dass ein spezialbe-schichtetes Stück Papier, das er für seine Versuche be-nötigte, fluoreszierend leuchtete. Dieser Effekt musste von einer unsichtbaren Lichtquelle ausgelöst worden sein, denn die Kathodenröhre selbst war völlig abge-schirmt. Röntgen hatte geheimnisvolle, unsichtbare elektromagnetische Wellen entdeckt, die er »X-Strah-len« nannte – ein Begriff, der sich in englischsprachi-gen Ländern gehalten hat, wo die Röntgenstrahlen auch heute noch »X-Rays« genannt werden. Sie ent-stehen durch hochenergetische Elektronenprozesse bei Atomen und Molekülen.

Röntgen fand bei anschließenden Versuchen her-aus, dass die »X-Strahlen« in der Lage waren, Material zu durchdringen, solange es keine zu große Dichte aufweist. Eine weitere Eigenschaft der »X-Strahlen« besteht darin, dass sie wie normales Licht fotogra-fische Effekte auslösen. Röntgen durchleuchtete verschiedene Objekte mit den »X-Strahlen« und plat-zierte dahinter eine Fotoplatte. Nach dem Durch-leuchtungsvorgang zeichneten sich darauf deutlich die Konturen der Objektteile ab, die nicht von den

Strahlen durchdrungen werden konnten. Bei einem Holzkasten waren das die Nägel und bei der Hand seiner Frau, die ebenfalls als Versuchsobjekt herhalten musste, die Knochenstruktur.

Röntgen hatte eine Entdeckung gemacht, die in Medizinerkreisen in Windeseile die Runde machte. Neben der Möglichkeit, den menschlichen Körper zu durchleuchten und dabei Krankheitssymptome zu erkennen, begann man bald, Krebs- und Tuberkulosepatienten mit Röntgenstrahlen zu behandeln.

Aber nicht nur im medizinischen Bereich fanden die Wunderstrahlen Anwendung. Auch die Eigentümer von Schuhgeschäften statteten ihre Läden mit Röntgengeräten aus, um bei Anproben die Schuhe ihrer Kundschaft zu durchleuchten und so die Passform des neuen Schuhwerks zu kontrollieren – ein Kundendienst, der nicht ungefährlich war.

Der deutsche Physiker Wilhelm Röntgen nannte seine geheimnisvolle Entdeckung X-Strahlen.

In der Euphorie über die bahnbrechende Erfindung achtete jeder nur auf die positive Wirkung der Röntgenstrahlen. Dass sie auch negative Auswirkungen auf die Gesundheit haben könnten, bedachte man nicht. Heute weiß man jedoch, dass intensive Bestrahlung Krebs hervorrufen kann. Patienten und Laborpersonal müssen daher entsprechende Schutzkleidung tragen.

Röntgen war von seiner Entdeckung so angetan, dass er wie ein Besessener an der weiteren Erforschung der »X-Strahlen« arbeitete und schon am 28. Dezember 1895 seine Ergebnisse in einer wissenschaftlichen Arbeit mit dem Titel »Über eine neue Art von Strahlen« veröffentlichte. Schon im folgenden Jahr wurden die X-Strahlen, dem Entdecker zu Ehren, Röntgenstrahlen genannt. 1901 wurde Röntgen als erster Wissenschaftler mit dem Nobelpreis für Physik ausgezeichnet.

36 Kunststoff – das Material für alle Fälle

Eine der folgenreichsten Erfindungen des Industriezeitalters ist die Entwicklung von künstlichen Materialien für zahlreiche Verwendungszwecke. Kunststoff ist heute aus unserer modernen Welt nicht mehr wegzudenken. 1907 erfand der flämische Chemiker Leo Hendrik Baekeland mit Bakelit den ersten Kunststoff, der vielseitig angewendet werden konnte.

Kunststoff heißt Kunststoff, weil er auf synthetischer oder zumindest halbsynthetischer Basis hergestellt wird. Er besteht aus endlos zusammenhängenden und ineinander verschlungenen Molekülketten, die in der Fachsprache der Chemiker Polymere genannt werden. Durch ihre Vielseitigkeit sind Produkte aus Kunststoff nicht mehr aus unserem Leben wegzudenken. Kunststoff hat sich mit den Jahren als Universallösung für alle nur denkbaren Produkte und Industriezweige durchgesetzt.

Ende des 19. Jahrhunderts dachten viele Forscher darüber nach, wie man ein universell einsetzbares Ersatzmaterial für Eisen entwickeln könnte. Eine der ersten Kunststoffarten war Bakelit. Erfunden hatte es der Belgier Leo Hendrik Baekeland, der dem Wundermaterial auch seinen Namen gab. Der flämische Chemiker arbeitete damals an neuartigen Materialien, die herkömmliche Naturstoffe ersetzen sollten. 1907 war seine Erfindung so weit gediehen, dass man die Phenolharz-Pressmasse zur Herstellung für alle möglichen Produkte verwenden konnte. Pfeifenmundstücke, Griffe für Besteck oder Aschenbecher wurden aus Bakelit geformt. Da Bakelit zudem nicht brennbar war und stromisolierend wirkte, fand es auch Verwendung in der Elektroindustrie, die das Material für Lichtschalter oder für Gehäuse von Elektrogeräten nutzte. Auch die Korpusse von Radiogeräten, Telefonen und vielen Haushaltsgeräten wurden bis in die 1960er hinein aus Bakelit hergestellt. Eine ganze Produkt-Ära war geprägt von diesem ersten vollsynthetischen Kunststoff. Selbst die Welt der Mode profitierte von der neuen Errungenschaft. Denn aus dünnen Kunstfasern ließen sich auch strapazierfähige Kleidungsstücke herstellen. Hauchdünn umschmeichelte Nylon bald die Damenbeine. 1935 wurde das feine Kunstgewebe in den USA entwickelt und avancierte rasch zum Verkaufsrenner und zum Synonym für weibliche Erotik. Als weniger erotisch,

Solche Lichtschalter aus dem Kunststoff Bakelit wurden noch in den 1950er Jahren verwendet.

Der Belgier Leo Hendrik Baekeland erfand 1907 mit Bakelit den ersten Kunststoff, der vielseitig verwendet werden konnte.

aber äußerst praktisch erwies sich die Teflon-Beschichtung für Pfannen und Töpfe, die nichts mehr anbrennen lässt. Die Grundidee hierfür stammt von einem US-Hersteller aus dem Jahr 1938. Eher ein Zufallsprodukt, das sich aus der Herstellung eines Kunststofferzeugnisses entwickelt hat, ist der Klebstoff. Durch einige chemische Zusätze gelang es dem US-Amerikaner Harry Coover, aus einem missglückten Versuch doch noch ein Erfolgsprodukt zu machen, das er 1942 als Sekundenkleber auf den Markt brachte.

Bei allen Erfolgsstorys aus der Welt des Kunststoffs darf man aber nicht vergessen, dass das Wundermaterial auch Gefahren in sich birgt. Bestimmte Kunststoffarten verrotten nicht. Wandern sie in den Müll, stellen sie die Entsorger vor große Probleme, denn in der Müllverbrennungsanlage setzen sie giftige Stoffe frei. In den 1980er-Jahren, als die Ökologiebewegung gegen Umweltverschmutzung ankämpfte, geriet der zuvor vielgerühmte Kunststoff in die Kritik. »Jute statt Plastik« hieß die Devise der Umweltschützer, die den achtlosen Verbrauch von Plastiktüten in der modernen Wegwerfgesellschaft anprangerte. Seitdem ist die Kunststoffindustrie bemüht, den Anteil an Giftstoffen immer weiter zu reduzieren. Außerdem arbeitet man daran, Produkte aus Plastik, besonders die Plastikflaschen, durch Rücknahme und Recycling wieder als Rohstoff für die Herstellung neuer Kunststoffprodukte zu verwenden.

»Denn die Menschen ohne Seele mögen Dinge ohne Seele, mögen Plastik. Und sie mögen es so gerne, weil es ihnen so ähnelt, dieses Plastik.«
Jan Delay

37 Die Fließbandtechnik – Arbeit im Maschinentakt

Zeit ist Geld – diese Devise bestimmte schon vor Hunderten von Jahren das wirtschaftliche Denken und Handeln. Um Produkte schnell und preisgünstig herzustellen, kam man auf die Idee der Arbeitsteilung, die man in Manufakturen umsetzte. Die Arbeitsleistung des einzelnen Handwerkers wurde in den Dienst des Produktes gestellt. Noch weiter ging die Einführung der Fließbandtechnik, die zu Beginn des 20. Jahrhunderts die Automobilindustrie revolutionierte.

Viele Produkte möglichst schnell und extrem kostengünstig herzustellen, ist eine betriebswirtschaftliche Maxime. Aus diesem Grund hat man schon sehr früh damit begonnen, in den Betrieben die Arbeitsabläufe zu optimieren. Schon im Spätmittelalter entstanden erste Handwerksbetriebe, die nach einem neuen Prinzip arbeiteten. In sogenannten Manufakturen arbeiteten verschiedene Handwerker an einem Produkt zusammen. Sie waren die Vorläufer der Fabriken des Industriezeitalters. Nach dem Manufakturprinzip wurden vielfach Kutschen hergestellt. Wagner bauten den Wagenkasten, Radmacher Achsen und Räder, Polsterer übernahmen die Innenausstattung. Auch in der Möbelproduktion wurde vielfach arbeitsteilig vorgegangen. Dem Vorteil optimierter Produktionsabläufe stand aber auch ein Nachteil entgegen: die Entfremdung zwischen dem Handwerker und dem Produkt.

Mit dem Beginn des Industriezeitalters beschleunigte sich dieser Prozess. Dampfkraft und Elektrizität brachten die Maschinen in den Fabriken in Schwung. Nun brauchte man nur noch die Menschen auf den schnellen Takt der Maschinen einzustellen. Das war die Geburtsstunde der Fließbandtechnik. Die USA waren die Vorreiter dieser neuen Fertigungsmethode. Um

Befürworter der Fließbandarbeit und Begründer des Taylorismus: Frederick Winslow Taylor.

Frederick Winslow Taylor wurde 1856 im US-Bundesstaat Pennsylvania geboren und starb 1915 in Philadelphia. Der Ingenieur gilt als einer der wichtigsten Protagonisten im Bereich der Arbeitswissenschaft. Er ist der Begründer des Taylorismus. Damit bezeichnet man das Prinzip der Prozesssteuerung von Arbeitsabläufen, die von einem Arbeitsmanagement vorgeschrieben werden. Mit der Stoppuhr wurden Arbeitsabläufe zeitlich erfasst und zum Zeitmaßstab erhoben.

die rasant zunehmende Bevölkerung mit Nahrungsmitteln zu versorgen, übertrug man sie sogar auf die Nahrungsmittelproduktion. Auf dem Großschlachthof von Chicago wurden Ende des 19. Jahrhunderts die noch lebenden Schlachttiere kopfüber an Ketten befestigt und

Angelernte Arbeiter bauen am Fließband in den Fordwerken Teile für das Ford »Modell T« zusammen.

mit Hilfe eines Kettenzugs an den einzelnen Arbeitsstationen vorbeigeführt, wo sie getötet und zerlegt wurden. Hatte zuvor ein Schlachter mit einem Gehilfen fast einen ganzen Tag gebraucht, um ein Rind fachgerecht zu zerlegen, dauerte dieser Vorgang nun gerade noch eine Viertelstunde.

Der moderne Schlachthausbetrieb in Chicago brachte den Ingenieur Frederick W. Taylor auf den Gedanken, auch andere Industriezweige mit der neuen Arbeitsmethode zu optimieren. Fachkräfte mussten ausgebildet werden und forderten hohe Löhne. Ungelernte Arbeitskräfte gab es im Einwanderungsland USA wie Sand am Meer. Wenn es gelang, einen komplexen Fertigungsprozess auf viele kleine und einfachste Arbeitsschritte herunterzubrechen, konnte die Arbeit auch von ungelernten Kräften geleistet werden. Die Herausforderung lag dabei in der Abstimmung der einzelnen Arbeitsschritte, so dass es nirgends zum Stocken des Gesamtablaufs kam.

Taylors Lehre machte sich zu jener Zeit auch ein junger Autobauer zunutze. Henry Ford wollte ein Automobil für breite Bevölkerungsschichten bauen, und das ging nur durch Massenfertigung. 1908 rollte mit dem »Modell T«, liebevoll »Tin Lizzy« genannt, das erste fließbandgefertigte Auto der Welt aus der Werkshalle in Detroit. Kritiker beklagten, der Mensch sei nun nur noch ein Rädchen im Getriebe, er würde selbst zum Teil einer Maschinerie. Dennoch hat sich die Fließbandfertigung durchgesetzt. Heute werden viele Arbeitsschritte von Automaten geleistet.

In der modernen Fertigungstechnik wurde inzwischen die »Just-in-Time-Produktion« zum Credo erhoben. Die Industriebetriebe unterhalten keine teuren Lager mehr. Stattdessen stellen sowohl die Zulieferer als auch die eigene Fertigung sämtliche Teile in der benötigten Zahl zur richtigen Zeit an dem Ort bereit, wo sie bei der Endmontage verbaut werden.

»Früher stand der Mensch an erster Stelle – in Zukunft muss das System an erster Stelle stehen.«
Frederick W. Taylor

38 Radio und Fernsehen – von Wellen, Sendern und Empfängern

Was Mikrofone und Filmkameras auffangen, wird per Sender rund um die Erde gefunkt. Heraus kommen unendlich viele Radio- und Fernsehprogramme, die rund um die Uhr für jeden Geschmack etwas zu bieten haben. 1923 wurde die erste regelmäßige Radiosendung in Deutschland ausgestrahlt.

»Achtung, Achtung, hier Sendestelle Berlin, Voxhaus, Welle 400 …« Mit dieser Stationsansage begann am 29. Oktober 1923 um 20 Uhr die erste regelmäßige deutsche Radiosendung. In den USA und in den Niederlanden war man schon etwas früher soweit. Die technischen Grundlagen für die Entwicklung der elektronischen Massenmedien Hörfunk und Fernsehen wurden schon 1888 geschaffen, als Heinrich Hertz elektromagnetische Wellen erzeugte und so den praktischen Beweis antrat, dass sich diese mit Lichtgeschwindigkeit ausbreiten. Damit bestätigte Hertz die Theorie des englischen Physikers Maxwell aus dem Jahr 1865. Bis man die Forschungsergebnisse von Maxwell und Hertz in der Praxis nutzen konnte, vergingen jedoch noch einige Jahre. 1897 erreichte der italienische Forscher Guglielmo Marconi mittels drahtloser Telegrafie die sensationelle Reichweite von 16 Kilometern. Von nun an überschlugen sich die technischen Entwicklungen. Schon ein Jahr später übermittelte der deutsche Professor Adolf Slaby funktelegrafische Zeichen über eine Entfernung von 60 Kilometern.

Diese neuen Versuchsergebnisse wurden sofort in der Praxis angewendet. So richtete man eine drahtlose Telegrafenverbindung zwischen einer Station im norddeutschen Cuxhaven und dem Feuerschiff Elbe 1 ein. Als dies gelang, wurde am 15. Mai 1900 die erste deutsche Funktelegrafenan-

1920 fand in Deutschland die erste Rundfunkübertragung statt. Über den posteigenen Langwellensender Königs Wusterhausen im heutigen Bundesland Brandenburg, sendeten Postbeamte am 22. Dezember ein weihnachtliches Programm mit Liedern, Gedichten und kleinen Musikstücken. Die Ausstrahlung hatte zwar eher den Charakter einer Testsendung, aber die Stadt gilt seitdem als Geburtsort des deutschen Rundfunks. Im Stadtwappen finden sich daher auch die markanten Sendemasten.

Der italienische Erfinder
Guglielmo Marconi – er
war einer der Radio-
Pioniere.

lage zwischen der Nordseeinsel Borkum und dem Feuerschiff Borkum/Riff
in Betrieb genommen. 1903 entstand der erste deutsche Konzern, der die
neuen Kommunikationstechnologie kommerziell nutzte. Der Erste Weltkrieg löste nicht nur in Deutschland einen Entwicklungsschub bei der draht-
losen Kommunikation aus. Denn die Militärs waren überaus interessiert an
der neuen Technik. Nach dem Krieg wurde in Berlin die »Reichsfunk-
Betriebs-Verwaltung« gegründet, die mit der Planung und dem Aufbau eines
Radioprogramms betraut wurde. Leiter der Abteilung Funktelegrafie wurde
Hans Bredow, der als »Vater« des deutschen Rundfunks gilt.

1923 begann von 20 bis 21 Uhr die Ausstrahlung eines regelmäßigen ein-
stündigen Abendprogramms. Es war der Start ins Rundfunkzeitalter. Auch in
anderen Städten zogen Veranstalter nach. Zu dieser Zeit belief sich die Zahl
der angemeldeten Rundfunkteilnehmer auf gerade 467. Ein Jahr später hatte
sie sich in Deutschland bereits verdreifacht. Radiohören kam groß in Mode.

Mit dem berühmten Druck auf den roten Knopf startete der damalige Vize-Bundeskanzler und Außenminister Willy Brandt 1967 das Farbfernsehen in Deutschland.

Finanziert wurde der Rundfunk auch damals schon über eine Rundfunkgebühr, die bei 24 Mark im Jahr lag. Damit ließen sich die hohen Investitionskosten natürlich nicht hereinholen. Aber die Gesellschaften setzten auf die Zukunft. Die meisten Hörer konnten sich nur ein kleines Detektorgerät leisten, das man über Kopfhörer abhören musste. Wer mehr Geld zur Verfügung hatte, konnte sich ein besseres Röhrengerät leisten. Als 1933 die Nationalsozialisten an die Macht kamen, erkannten sie schnell, dass sich das neue Medium bestens zu Propagandazwecken nutzen ließ. Die flächendeckende Einführung des sogenannten »Volksempfängers«, eines preiswerten Radiogeräts für jeden Haushalt, nutzten die nationalsozialistischen Machthaber zur Verbreitung ihrer Parolen.

Nach dem Zweiten Weltkrieg bildeten sich in den besetzten Zonen, von den westlichen Siegermächten gefördert, Radiosender, die auf demokratischer Basis arbeiteten. Gesendet wurde auf Mittelwellenfrequenzen. Damit erzielte man zwar große Reichweiten, aber die Klangqualität war schlecht. Das änderte sich, als man Mitte der 1950er-Jahre auf Ultrakurzwelle, UKW, umstieg. Diese Wellen haben zwar eine geringere Reichweite, weswegen ein System von vielen Sendemasten aufgebaut werden musste, aber die Empfangsqualität war überwältigend gut. Bald war auch Stereoempfang möglich. Heute liegt die Zukunft des Radios in digitalen Hörfunkprogrammen, die man bequem über den Computer empfangen kann. Die Signale werden von Satelliten ausgestrahlt, die eine Vielzahl an Radioprogrammen in bester Tonqualität bieten.

Angeregt durch die Fortschritte im Bereich der Radiotechnik machte man sich mit großem Eifer daran, nicht nur Klänge, sondern auch Bilder drahtlos zu übertragen. Viele Erfinder arbeiteten parallel an dieser Idee. 1924 erhielt der Leipziger Physiker und Elektrotechniker August Karolus ein Patent auf seine Entwicklung der Lichtsteuerung zur Fernsehbildübertragung. Das

Problem dieser neuen Technik liegt im Auge des Betrachters. Beim Fernsehen kommt es auf die schnelle Übertragungsfolge möglichst vieler Bilder an. Erst bei mindestens 15 Bildern pro Sekunde werden diese als fortlaufende Bewegung wahrgenommen. Optimiert wurde diese Technik durch die Erfindung des Ikonoskops, eines elektronischen Aufnahmegerätes, das in der Lage ist, die vom Objektiv der Kamera aufgenommenen Bilder Punkt für Punkt abzutasten und in send- und empfangbare Signale umzuwandeln. Bereits 1931 war man in der Lage, eine auf dieser Basis funktionierende Fernsehanlage zu präsentieren. Beim Empfang der Bildübertragung kam die Braunsche Röhre zum Einsatz, die es ermöglichte, schnell wechselnde Spannungen und Ströme sichtbar zu machen – ein Prinzip, das als Kathodenstrahlröhre in CRT-Geräten auch heute noch im Einsatz ist.

Nach dem Zweiten Weltkrieg war man Deutschland erst 1952 wieder in der Lage, Fernsehprogramme auszustrahlen. Ein ehemaliger Hochbunker in Hamburg diente als Sendezentrale. Fernsehgeräte kosteten damals rund 1000 Mark – für einen normalen Arbeitnehmerhaushalt ein unerschwinglicher Luxus. Daher sah man sich interessante Sendungen wie Sportübertragungen gemeinsam mit anderen Interessierten in Gasthäusern an. Die Bilder flimmerten damals noch in Schwarzweiß über die Bildschirme. Doch schon bald wurde damit begonnen, farbige Bildsignale zu senden. 1954 gelangten Farbfernseher in den USA zum ersten Mal zur Serienreife und wurden rasch populär. 1967 war man auch in Deutschland so weit, Fernsehprogramme in Farbe auszustrahlen – in besserer Qualität als in den USA. Den Startschuss für das Farbfernsehen in Deutschland gab der damalige Außenminister Willy Brandt mit einem symbolischen Knopfdruck. Heute geht es darum, die Bild- und Tonqualität und die Anzahl der empfangbaren Programme immer weiter zu optimieren. Dazu werden seit Ende des 20. Jahrhunderts die analogen Übertragungswege immer weiter digitalisiert.

1935 wurde in Deutschland das erste regelmäßige Fernsehprogramm der Welt ausgestrahlt. Ein Jahr später ging auch die britische BBC an den Start. Die britischen Fernsehpioniere gingen zwar etwas später auf Sendung als die Deutschen, dafür glänzten sie mit der besseren Bildqualität.

39

Der Reißverschluss – Alternative zu Knopf und Schnürsenkel

Es war reine Bequemlichkeit, die dazu führte, dass ein Tüftler aus den Vereinigten Staaten eine Alternative zu Knopf und Schnürsenkel suchte. Doch bis sich ein Zahn problemlos in den anderen fügte, kostete es Zeit und mühselige Entwicklungsarbeit. Und erst als sich ein schwedischer Ingenieur und ein Schweizer Geschäftsmann in das Projekt einschalteten, gelangte der Reißverschluss 1923 zur Marktreife.

Jeder hat ihn an Hose, Rock, Jacke oder Schuh, den Reißverschluss. Er macht das Öffnen und Schließen von Kleidungsstücken einfach. Ein Ritsch nach unten oder ein Ratsch nach oben – fertig. Kein lästiges Knöpfen oder Schnüren mehr. In Sekundenschnelle ist man an- oder ausgezogen. Erfunden hat das praktische Verzahnungssystem ein Mann, dem das dauernde Knöpfen und Schnüren zu umständlich war. Daher entwickelte der 1836 in Chicago geborene Whitcomb Leonard Judson 1890 einen »Klemmöffner und Klemmschließer für Schuhe«, den er 1892 zum Patent anmeldete. Der Klemmöffner wurde zwar zu einer Attraktion auf der Weltausstellung, die im Jahr 1893 in Whitcombs Heimatstadt Chicago stattfand, aber zu einem Verkaufsschlager wurde der »Clasp-Locker« nicht. Das System, das bei Schuhen und Kleidung verwendet werden konnte, war noch nicht ausgereift. Es kam zu Schwierigkeiten, weil sich die Metallketten mit Schiebeverschluss verhakten oder gar lösten. Beides sorgte für peinliche Situationen in der Öffentlichkeit. Außerdem war die Herstellung aufwändig und wenig lohnend.

Doch Judson gab nicht auf und versuchte seine Erfindung zu optimieren. Die Lösung des Problems kam 1904, als sein Geschäftspartner, der Rechtsanwalt Colonel Lewis Walker, einen jungen Mann in die Firma holte, der aus Schweden in die Vereinigten Staaten eingewandert war. Der Elek-

Die mechanische Funktion des Zippverschlusses basiert auf dem Klemmprinzip. Die beiden gegenüberliegenden Seitenteile, die mit kleinen Zahnungen versehen sind, werden in einen Schieber geführt, durch den sie wie über Schienen gleiten und zusammengesetzt, bzw. wieder gelöst werden. Die Zähne der Hakenreihen sind in T-Form gearbeitet und leicht nach innen gebogen. Werden sie durch den Klemmer geführt, verhaken sich die beiden Reihen ineinander.

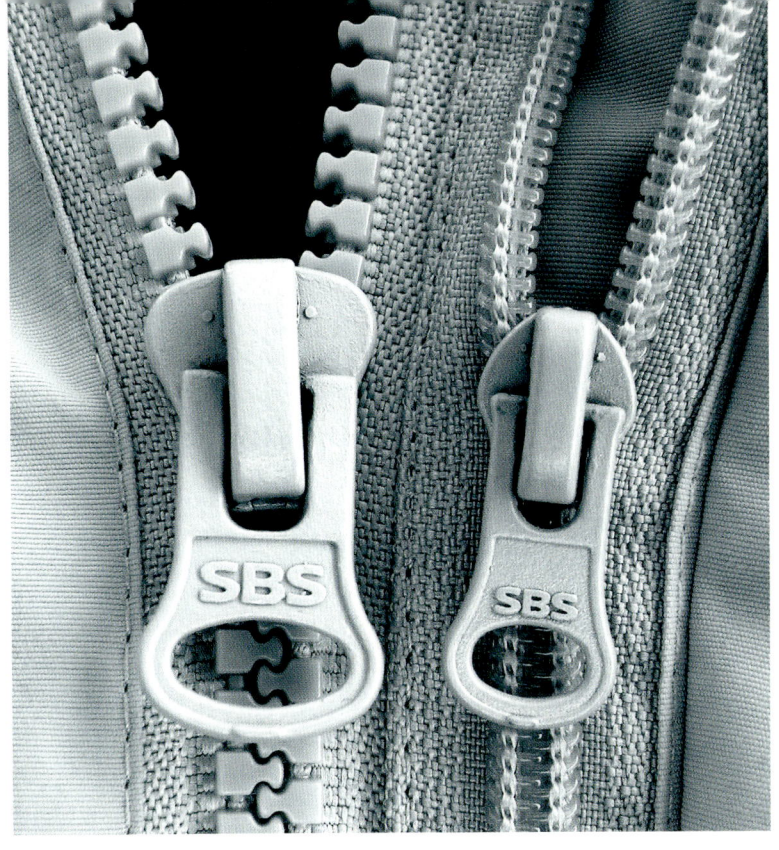

Eine praktische Erfindung gibt Kleidungsstücken sicheren Halt – der Reißverschluss.

troingenieur Gideon Sundback erkannte das Potenzial, das in Whitcombs Erfindung steckte, und entwarf das verbesserte System des »Plako-Fastener«. Wie bei vielen anderen Erfindungen, war es auch hier die militärische Nutzung, die dem Reißverschluss zum Siegeszug verhalf. Im Ersten Weltkrieg wurden wetterfeste Anzüge für die US-Marine mit dem praktischen Schnellverschluss ausgestattet. Whitcomb selbst erlebte den späten Erfolg seiner Erfindung nicht mehr. Er starb 1909. Es war der Schweizer Großindustrielle Martin Othmar Winterhalter, der sich die Patent- und Produktionsrechte an Whitcombs Erfindung und Sundbacks Verbesserung für Europa sicherte. Winterhalter und der Schwede waren sich in St. Gallen über den Weg gelaufen, weil Sundback neue Geschäftspartner und neue Vertriebswege für sein Produkt suchte. Winterhalter optimierte das US-Modell und konnte es ab 1923 im großen Stil in seinem Werk in Wuppertal produzieren. Seine Version ersetzte die aus Klemmbacken und Kügelchen bestehende Urversion durch Rippen und Rillen. Aus diesem Prinzip wurde der neue Markenname »RiRi« abgeleitet, der damals zu einem Synonym für den Reißverschluss wurde. Die heutigen Reißverschlüsse unterscheiden sich kaum vom verbesserten Modell, das Winterhalter in den 1920er-Jahren entwickelt hatte. Allerdings hatten die ersten Reißverschlusssysteme noch Zähne aus Metall. Heute wird überwiegend Plastik verwendet. In Deutschland werden jährlich circa 70 Millionen Meter Reißverschluss hergestellt.

»Die Männer haben keine Geduld. Deswegen haben sie ja den Reißverschluss erfunden.«
Senta Berger

40 Medikamente – Pillen, Pulver und Tropfen für die Gesundheit

Die Wirkung bestimmter Heilpflanzen kannten schon die Völker der Urzeit. Ägypter, Griechen und Römer wurden in der Folgezeit zu wahren Koryphäen der Arzneimittelkunde. Einen Schub erhielt die Medizinforschung im Industriezeitalter, als mit Impfstoffen und Antibiotika viele Patienten vor dem sicheren Tod gerettet werden konnten. Bahnbrechend war 1928 die Entdeckung des Penicillins.

Eine Pille gegen Kopfweh, eine Pille zum Einschlafen, eine Pille gegen die Schwangerschaft und eine Pille für das gute Stehvermögen beim Liebesspiel. Für und gegen fast alles gibt es Medikamente. Die Basis aller Pillen und Pülverchen liegt in der Natur. Schon sehr früh entdeckten die Menschen die Wirkung bestimmter Kräuter. Aus Blättern, Blüten, Früchten, Pflanzensaft, Stängeln und Wurzeln wurden Tinkturen, Verbände, Tränke und Salben hergestellt, die mit mehr oder weniger Erfolg bei Verletzungen und Krankheiten angewendet wurden. Im Grab eines Neandertalers, das im Irak entdeckt wurde und aus der Zeit zwischen 70000 bis 40000 v. Chr. stammt, konnte man Spuren von sieben Heilpflanzen nachweisen, die vermutlich als Grabbeilagen für einen Schamanen gedacht waren.

Die Erfahrungen aus den Behandlungszeremonien wurden von Generation zu Generation weitergegeben, verbessert und optimiert. Mit dem Aufkommen der Schrift wurden erste Rezeptsammlungen angelegt. Die Sumerer und nach ihnen die Ägypter verfügten schon über ein erstaunliches Wissen im medizinischen Bereich und hatten große Erfahrungen im Arzneibereich gesammelt und der Nachwelt hinterlassen.

Auch bei den Griechen und Römern wurden die Medizin und die Behandlung von Wunden und Krankheiten mit Medikamenten weiterentwickelt. Der griechische Gelehrte Theophrastos von Eresos, der um 300 v. Chr. lebte,

> »Die Auswirkungen der Medizin stellen eine der am schnellsten sich ausbreitenden Seuchen unserer Zeit dar.«
> Hippokrates

Aus dem Jahr 1500 v. Chr. stammt der sogenannte Ebers-Papyrus. Georg Ebers hatte die antike Schrift 1873 in Theben für die Universitätsbibliothek von Leipzig erworben. Die Rolle hat eine Länge von rund 20 Metern und umfasst unzählige Beschreibungen von Krankheiten, Behandlungsmethoden und Arzneimittelrezepturen.

kannte die Anwendung und Wirkung von nicht weniger als 550 Pflanzen, die er in Heil- und Giftkräuter einteilte. Bei den Römern tat sich Plinius der Ältere um 50 n. Chr. als Herausgeber einer Enzyklopädie hervor, die sich auch mit den natürlichen Heilmitteln ausgiebig befasste. Und die in fünf Büchern abgefasste Arzneimittellehre des Griechen Dioscurides, der im 1. Jahrhundert n. Chr. als Militärarzt im Dienst der Römer stand, wurde zu einem medizinischen Standardwerk. Mit dem Untergang des römischen Reiches und in den Wirren der Völkerwanderung ging jedoch viel an Wissen und Erfahrung verloren.

Der arabische Kulturraum aber blieb von den Zerstörungen jener Zeit unberührt. Da man dort im Bereich der Heilkunde weit fortgeschritten war, bemühten sich im Mittelalter Mönche aus Süditalien und Spanien darum, an medizinische Schriften aus der arabischen Welt zu gelangen. Das Wissen der arabischen Ärzte und die in den Klöstern selbst gewonnenen medizinischen Erfahrungen bildeten die Basis für die Arzneimittelkunde des Mittelalters. Die Nonne Hildegard von Bingen wurde zu einer der herausragenden Persönlichkeiten auf dem Gebiet der Heilkräuterkunde.

Griechischer Mediziner und Heilkräuterfachmann in römischen Diensten: Pedanios Dioscurides.

Zu einem Grundprinzip der Arzneimittelkunde wurde ein Lehrsatz des 1493 in der Schweiz geborenen Arztes Paracelsus. Er sagte, dass auch bestimmte Giftstoffe als Arznei einsetzbar seien, wenn man sie nur richtig dosiere. Oft war es auch der Zufall, der bei der Entwicklung bestimmter Arzneien half. Ende des 18. Jahrhunderts entdeckte der englische Arzt Edward Jenner, dass Menschen, die an den harmlosen Kuhpocken erkrankt waren, von den lebensgefährlichen Pocken verschont blieben. Aus dieser

Der Stauferkaiser Friedrich II. sorgte 1241 mit den *Liber Augustalis* für die Trennung des Arzt- und Apothekerberufs. Ärzte sollten sich fortan auf die medizinische Betreuung und Heilung der Patienten konzentrieren, die Apotheker auf Arzneiherstellung und -verkauf. Apotheker mussten bei einem Meister in die Lehre gehen und anschließend ihre Gesellenzeit auf Wanderschaft verbringen.

Erkenntnis heraus entwickelte er die erste erfolgreiche Impfung der Medizingeschichte. Impfungen gehören seitdem zum medizinischen Grundprogramm. Im 19. Jahrhundert wurden im Arzneimittelbereich wichtige und entscheidende Fortschritte gemacht. Die Laborarbeit profitierte von den technischen Errungenschaften des Industriezeitalters. Das war die Geburtsstunde der Pharmaindustrie, die damit begann, in die Entwicklung neuer Medikamente zu investieren. Einer der Gründe für diese intensive Suche nach neuen, wirksamen Medikamenten waren die Kriege des 19. und 20. Jahrhunderts. Denn in den Feldlazaretten starben mehr Soldaten als auf den Schlachtfeldern. Der Grund dafür waren mangelnde Hygiene und Epidemien. Man erkannte die Wirkung von Alkaloiden, zu denen Morphium, Chinin oder Atropin zählen, allesamt giftige Stoffe, die aber – gemäß der Maxime des Paracelsus – richtig dosiert eine positive Wirkung auf den menschlichen Organismus haben. Morphium wurde zu einem der wichtigsten schmerzstillenden Mittel der Weltkriege. Die bedeutendste Entdeckung machte aber der schottische Bakteriologe Alexander Fleming. Er züchtete

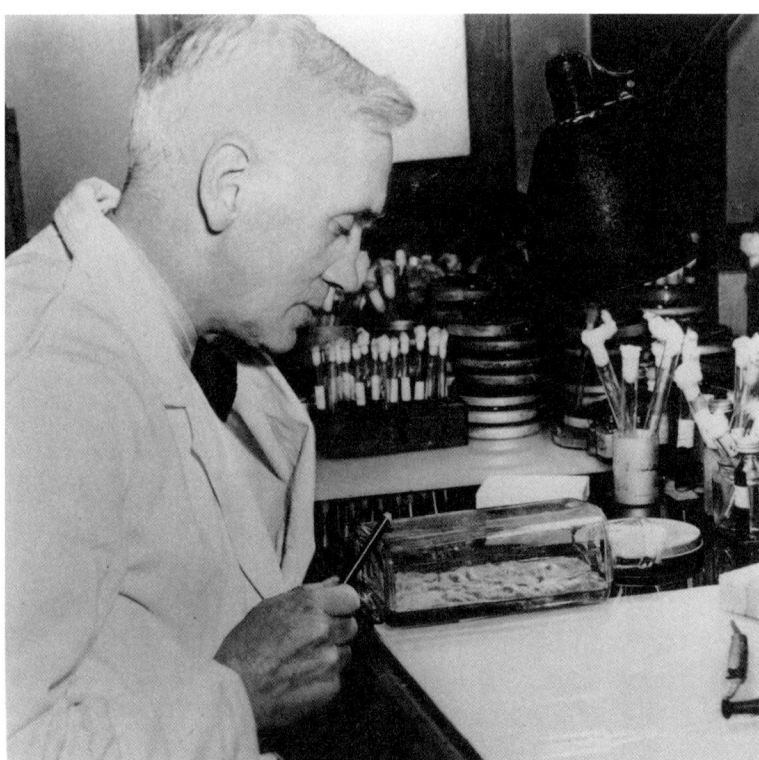

Er rettete mit seiner Erfindung, dem Penicillin, Millionen von Leben – Alexander Fleming.

Der Papyrus Ebers, benannt nach seinem Entdecker, enthält über 800 Rezepte zur ägyptischen Heilkunde.

zu Versuchszwecken Bakterienkulturen. Eine davon wurde unbeabsichtigt durch Schimmelpilz verunreinigt. Fleming fiel auf, dass rings um die Pinselschimmelkultur keine Bakterien wuchsen. Von diesem speziellen Schimmelpilz musste also eine bakterientötende Wirkung ausgehen. Diese Entdeckung wurde 1928 zur Geburtsstunde des ersten Antibiotikums, des Penicillins, das die Medizin revolutionierte. Einen Siegeszug trat auch ein Medikament an, das als Aspirin in die Medizingeschichte einging und als Allheilmittel eingesetzt wird. Grundsubstanz ist Acetylsalicylsäure (ASS), die schmerzstillend, entzündungshemmend und fiebersenkend wirkt. Die Marke Aspirin ließ sich der Pharmakonzern Bayer im Jahr 1899 schützen.

1998 sorgte ein besonderes Medikament für Aufsehen: Viagra. Das Potenzmittel gilt seitdem als die Lustdroge für den Mann schlechthin. Viagra enthält den Arzneistoff Sildenafil, der bei Erektionsstörungen helfen soll.

Anfang der 1960er-Jahre sorgte der Contergan-Skandal für Schlagzeilen. Das Beruhigungsmedikament wurde besonders während der Schwangerschaft empfohlen. Durch seine Nebenwirkungen kam es jedoch zum Teil zu schweren Schädigungen bei Tausenden von Ungeborenen. Viele Kinder kamen damals ohne normal ausgebildete Extremitäten zur Welt. Erst nach langen Gerichtsprozessen wurden die Betroffenen mit Geldzahlungen durch den Hersteller entschädigt.

»Die medizinische Wissenschaft hat in den letzten Jahrzehnten so ungeheure Fortschritte gemacht, dass es praktisch keinen gesunden Menschen mehr gibt.«
Aldous Huxley

Musikinstrumente – vom klingenden Knochen zur E-Gitarre

Knochen, Muscheln und hohle Baumstämme dienten den Menschen in früher Urzeit als erste Instrumente. Aus diesen primitiven Klangwerkzeugen entwickelten sich später wahre Meisterwerke des Instrumentenbaus. Bis ins 20. Jahrhundert hinein waren akustische Instrumente tonangebend. Für neuen Schwung in der Musikwelt sorgte 1932 die Erfindung der elektrisch verstärkten Gitarre.

Moderne E-Gitarre im Retro-Stil der 1950er Jahre – die Surfcaster der US-Firma Charvel.

Die Natur stand Pate bei der Entwicklung der ersten Musikinstrumente. Archäologische Funde beweisen, dass es schon vor mehr als 45 000 Jahren erste handwerklich gefertigte Instrumente aus Knochen oder Holz gab. Was unsere Urahnen schnell erkannten, war die Bedeutung von Hohlräumen für die Klangerzeugung. Hohlkörper übertragen die erzeugten Schwingungen, die durch Klopfen oder Blasen entstehen, besonders gut und verbreiten einen angenehmen Klang. Von dieser Entdeckung ausgehend wurden immer mehr und immer andere einfache Urinstrumente entwickelt, die zum Vorbild für Instrumente wurden, die auch heute noch in abgewandelter und verbesserter Form in Gebrauch sind. Je weiter die kulturelle und technische Entwicklung der Menschheit voranschritt, desto weiter entwickelte sich auch der Fortschritt im Instrumentenbau, der über die Jahrhunderte wahre Meister hervorbrachte. Geigen von Amati, Stradivari oder Guarneri sind heute unbezahlbare Kostbarkeiten, Klaviere von Bösendorfer oder Bechstein gehören zur Oberklasse bei den Tasteninstrumenten.

Tonfolgen und Melodien wurden zunächst durch mündliche Überlieferung von einer Generation an die nächste weitergegeben. Als sich in vielen Kulturräumen die schriftliche Form der Überlieferung durchsetzte, wurde an einer Methode gearbeitet, die Musikwerke schriftlich zu fixieren. Dazu entwickelte man eine eigene Form der Schrift, die Notation. Nur durch sie wurde es möglich, dass sich die Werke klassischer Meister wie Bach, Beethoven oder Mozart bis in unsere Zeit erhalten haben.

Bis ins 20. Jahrhundert hinein waren die akustischen Instrumente tonangebend. Der Klang der akustischen Gitarre wurde immer beliebter in den Unterhaltungsensembles jener Zeit, aber dem Saiteninstrument fehlte es an der nötigen Durchsetzungskraft gegenüber den anderen Klangwerkzeugen. Die akustische Gitarre fristete daher ein Dasein als reines Rhythmusinstrument. Die Chance, sich etwas mehr in den Klang-

Dieses Instrument bevorzugen viele Rockmusiker: Rickenbacker ist eine Topmarke im E-Gitarrenbau.

vordergrund spielen zu können, sahen die Gitarrenbauer damals in der elektrischen Verstärkung. Schon 1923 experimentierte ein Ingenieur beim bekannten US-Gitarrenbauer Gibson an einem solchen neuen Gitarrentyp. Zur Konzertreife brachte es eine elektrisch verstärkte Gitarre, die Adolph Rickenbacker mit seinem Kollegen Beauchamp baute. 1932 meldeten die beiden amerikanischen Saitenbastler ihre E-Gitarre beim zuständigen Patentamt an. Erst fünf Jahre später und nach vielen Prüfungen wurde ihnen das Patent schließlich erteilt. Vor allem im Jazzbereich setzten sich die elektrisch verstärkten Saiteninstrumente durch. Später wurden sie zu den prägenden Instrumenten der Pop- und Rockmusik und beeinflussten die junge Musikszene entscheidend.

Eine einfache Form der Notenschrift hatten schon die Ägypter um 3000 v. Chr. entwickelt. Etwas ausgefeilter war die Notenschrift bei den Griechen. Aufzeichnungen aus der Zeit um 250 v. Chr. zeigen, dass die griechische Notenschrift auf den Buchstaben des üblichen Alphabetes basierte. Schon im 9. Jahrhundert n. Chr. begannen Mönche damit, in ihren Liederbüchern über den Textzeilen Zeichen einzutragen, die ihnen das korrekte Mitsingen erleichtern sollten. Später wurde das Liniensystem eingeführt und Notensymbole, die Tonart, Tonhöhe, Tonlänge und Tonzusammenklänge genau festlegen und bei der Interpretation der Stücke kaum noch Fragen offen lassen.

42 Kernenergie – die Kraft aus dem Kleinsten

Atome sind zwar winzig klein, aber in ihnen steckt ein enormes Energiepotenzial, das zur Entfaltung kommt, wenn man die Atome spaltet. Diese Möglichkeit wurde 1938 von dem deutschen Wissenschaftler Otto Hahn entdeckt. Seitdem wird die Atomkraft für militärische und zivile Zwecke genutzt.

Lange Zeit wurde die Atomkraft als endlos nutzbare und saubere Alternative zu den fossilen Brennstoffen betrachtet. Aber seit der Atomkatastrophe von Tschernobyl im Jahr 1986 und der Kernschmelze im japanischen Fukushima im Jahr 2011 häufen sich weltweit die kritischen Stimmen, die fordern, aus der Atomkraft als Energielieferant auszusteigen. Ein Nach- und Umdenkprozess hat begonnen. Die Kernkraft hat ihr sauberes Image eingebüßt. Dabei hat alles einmal sehr verheißungsvoll angefangen. Entdeckt wurde die Möglichkeit, Atome zu spalten, 1938 vom deutschen Wissenschaftler Otto Hahn. Er erkannte bei seinen Versuchen, dass durch die Spaltung des Atomkerns enorme Energien frei werden, die man nutzen wollte. In Kernreaktoren wird eine kritische Masse spaltbaren Materials – angereichertes Uran in Form beweglicher Brennstäbe – so ineinandergeschoben, dass eine kontrollierte Kettenreaktion in Gang kommt, bei der Energie freigesetzt wird, mit der man Strom erzeugen kann.

Nicht nur in Deutschland wurden Atomversuche angestellt. Während des Zweiten Weltkrieges kam es zu einem regelrechten Kopf-an-Kopf-Rennen zwischen dem deutschen Forscherteam und den US-Amerikanern. 1942 führte die Wissenschaftler-Crew aus den Vereinigten Staaten die erste kontrollierte Kettenreaktion durch. Deren Ziel war es, eine nukleare Bombe zu bauen, um die Kriegsgegner in die Knie zu zwingen. Sie wollten unter allen Umständen schneller ihr Ziel erreichen als die deutschen Forscher, die ebenfalls an einer Atombombe bauten. Doch die deutsche Kapitulation am 8. Mai 1945 setzte dem Wettlauf ein Ende.

Unter der Führung des Wissenschaftlers Robert Oppenheimer wurde am 16. Juli 1945 der erste Atom-

Der deutsche Atom-Physiker Otto Hahn mit seiner Kollegin Lise Meitner bei der Laborarbeit um 1925.

In der Wüste von Nevada testeten die USA ihre ersten Atombomben.

bombentest in der Wüste von New Mexico durchgeführt. Wenige Wochen später warfen US-Bomber zwei Atombomben auf die japanischen Groß-städte Hiroshima und Nagasaki. Über 200 000 Menschen kamen dabei ums Leben. Die beiden Städte wurden dem Erdboden gleichgemacht. Kurze Zeit darauf kapitulierte Japan.

Nach dem Ende des Zweiten Weltkriegs begann man in den USA damit, neben der militärischen auch die zivile Nutzung von Kernenergie zu verfol-gen. 1951 konnten die USA einen großen Erfolg verbuchen, als man in einem Forschungsreaktor genug Strom erzeugte, um damit vier Glühlampen zum Leuchten zu bringen. Dieser bescheidene Erfolg verhalf der Kernenergie weltweit zum Durchbruch. In vielen Ländern entstanden Kernkraftwerke. In Deutschland wurde 1961 im hessischen Kahl das erste Atomkraftwerk in Betrieb genommen. Nukleare Brennelemente wurden nicht nur in AKW, sondern auch als Antrieb für Marineschiffe und U-Boote verwendet. In Deutschland wurde 1968 der nuklear betriebene Forschungsfrachter »Otto Hahn« in Betrieb genommen.

Mit einem Kilogramm Uran kann man 350 000 Kilowattstunden Strom gewinnen. Mit einem Liter Öl sind es zwölf Kilowattstunden. Auch bei der Emission von Kohlenstoffdioxid sieht die Bilanz der Kernkraftwerke im Vergleich zum herkömmlichen Kohlekraftwerk besser aus. Dem steht jedoch das Gefahrenpotenzial der Nuklearkraft gegenüber. Durch die Kernspaltung wird radioaktive Strahlung er-zeugt, die nur unter größten Sicherheitsvorkehrungen im Zaum ge-halten werden kann. Außerdem ist die Lagerung des strahlenden Atommülls ein noch nicht einwandfrei gelöstes Problem.

»Erst haben die Menschen das Atom gespalten, jetzt spaltet das Atom die Menschen.«
Gerhard Uhlenbruck

43 Der Computer – Strom oder Nichtstrom, das ist hier die Frage

Vom Abakus der Antike über die mechanischen Addierapparate der Neuzeit bis zum Hochleistungsrechner der Gegenwart – keine andere Erfindung hatte so nachhaltige Auswirkungen auf Beruf und Freizeit wie die elektronische Datenverarbeitung. Das Computerzeitalter prägt den Menschen in einer bis dahin noch nicht dagewesenen Art und Weise. Der deutsche Konrad Zuse baute 1941 den Vorläufer der modernen Computer.

Als die Menschen miteinander Tauschhandel trieben und später die monetäre Wirtschaft in Gang kam, wurde es wichtig, dass die Kaufleute Warenmenge und Warenwert präzise gegeneinander aufzurechnen imstande waren. Dazu benötigte man Zahlensysteme und Berechnungsmethoden. Als die zehn Finger beider Hände dazu nicht mehr ausreichten, erfand man Methoden, um größere Zahlengruppen darzustellen und damit auch Rechenprozesse durchzuführen.

Die findigen Chinesen entwickelten um 1100 v. Chr. den Abakus, ein Rechengerät, das aus neun Stabreihen bestand, auf die jeweils sieben verschiebbare Kugeln aufgezogen waren. Mit diesem durchdachten System war es möglich, nicht nur alle Grundrechenarten, sondern sogar komplizierte Wurzelberechnungen durchzuführen. Griechen und Römer der Antike wandelten die vorchristlichen Rechenapparate für ihre Zwecke und Zahlensysteme ab. Bis ins 16. Jahrhundert hinein wurde der Abakus genutzt, und in einigen asiatischen Ländern verwendet man ihn noch heute.

Der 1910 in Berlin geborene Konrad Zuse arbeitete als Bauingenieur und wollte mit einer automatischen Rechenmaschine seine aufwändigen Statikberechnungen vereinfachen. 1937 schrieb Zuse in sein Tagebuch: »Seit etwa einem Jahr beschäftige ich mich mit dem Gedanken des mechanischen Gehirns.« Das Resultat seiner Arbeiten war der elektrisch betriebene mechanische Rechner Z1. Ein Jahr später hatte Zuse das weiterentwickelte Modell Z2 und dann mit dem Z3 den ersten funktionsfähigen und programmierbaren Computer der Welt entwickelt.

1623 baute Wilhelm Schickard diese leistungsfähige Rechenmaschine.

Als die Uhrmacher ihre ersten Zeitmesser mit Zahnrädern herstellten, war das die Geburtsstunde von Rechenmaschinen, die sich einer komplizierten Zahnradtechnik bedienten. 1623 baute der deutsche Astronom und Mathematiker Wilhelm Schickard eine Rechenmaschine, die durch ein aufeinander abgestimmtes System vom Zahnrädern, Hebeln, Metallstangen und Nockenscheiben bis zu sechsstellige Zahlen addieren und subtrahieren konnte. Etwas später baute der Franzose Blaise Pascal 1642 eine ausgereiftere Addier- und Subtrahiermaschine, die er *Pascaline* nannte. Der brave und erfindungsreiche Sohn wollte mit dem Apparat seinem Vater die Arbeit erleichtern. Denn der Papa arbeitete als Finanzbeamter des französischen Königs. Im selben Jahrhundert wurde auch die Erfindung des Rechenschiebers bahnbrechend für die Mathematik, weil sich damit komplizierte Logarithmen berechnen ließen. Wichtiger Wegbereiter für die modernen Rechenmaschinen, für die Computer der Gegenwart, wurde damals Gottfried Wilhelm Leibniz. Leibniz war ein wahres Multitalent und als Philosoph, Historiker, Diplomat, Politiker und Jurist vom Ende des 17. bis Anfang des 18. Jahrhunderts aktiv. Aber auch als Physiker und Mathematiker war er tätig. Leibniz arbeitete an mechanischen Rechenmaschinen und entdeckte bald, dass die Rechenprozesse mit dem dezimalen Zahlencode viel zu kompliziert und umständlich waren. Er erkannte, dass es einfacher war, mit einem dualen Zahlensystem zu arbeiten. Die Erfindung des binären Codes wurde zur wichtigsten Grundlage für die Entwicklung der Computer im 20. Jahrhundert. Ähnlich wie beim Morsealphabet, bei dem sich alle Zahlen und Buchstaben durch die Aneinanderreihung von Kurz- und Langtönen bilden lassen, kann man mit dem Computer alle möglichen Buchstaben und Zahlenkombinationen durch den Impuls Strom und Nichtstrom darstellen.

Einen entscheidenden Fortschritt machten die zahnradbetriebenen mechanischen Rechenapparate im Industriezeitalter. In den wirtschaftlich boomenden USA wurden im Einzelhandel schon Ende des 19. Jahrhunderts hervorragend funktionierende Registrierkassen benutzt. Auch der Verwaltungsbereich musste bei dieser rasanten Entwicklung mithalten. Leistungsfähige Schreibmaschinen wurden entwickelt und zunehmend elektrisch angetrieben, und die Lochkartentechnik machte es schließlich möglich, die modernen Apparate programmierbar zu machen. Eine frühe Form der Lochkartensteuerung hatte der Franzose Jacquard entwickelt und sie Anfang des 19. Jahrhunderts bei Webstühlen eingesetzt.

Alle bis dahin gemachten Erfindungen und entwickelten Gedanken im Bereich der Datenverarbeitung wurden schließlich in einer Maschine zusammengeführt, die der Deutsche Konrad Zuse 1941 baute. Zwar hatte die US-Firma IBM schon 1935 eine Lochkartenmaschine vorgestellt, die für eine schwierige Multiplikation nur eine Sekunde benötigte, aber Konrad Zuse ging noch einen Schritt weiter. Nach seinem ersten Prototyp, der »Zuse 1«, die er 1938 gebaut hatte, konnte das Nachfolgemodell »Zuse 3« über eine elektronische Relaistechnik programmgesteuert und auf der Grundlage des binären Codes komplizierteste Rechenvorgänge ausführen. Daher gilt dieser große Rechner, der noch einen ganzen Raum ausfüllte, offiziell als erste Apparatur, die den Namen Computer verdient. Der US-amerikanische Büromaschinenhersteller IBM und Zuse lieferten sich in den 1940er-Jahren ein wahres Wettrennen um die beste Computertechnik. Es ging schon damals um hohe Rechengeschwindigkeit und Datenkapazität. Angeheizt wurde die rasante Computerentwicklung damals auch durch die Politik, die während des Zweiten Weltkriegs die modernen Rechenmaschinen für militärische Zwecke nutzen wollte. Nachdem man die wichtigsten technischen Grundlagen geschaffen hatte, wurde immer weiter daran gearbeitet, die Compu-

»Der Computer ist die logische Weiterentwicklung des Menschen: Intelligenz ohne Moral.«
John Osborne

tertechnik zu verbessern. Dabei ging nicht nur darum, die Rechengeschwindigkeit zu beschleunigen, sondern auch um die Möglichkeit, Daten in großer Menge intern und extern auf Datenträgern speichern zu können. Gleichzeitig sollte aber auch die Größe der Maschinen und Datenträger weiter minimiert und die Bedienerfreundlichkeit optimiert werden.

Aus den großen und sperrigen Kisten der Vergangenheit sind handliche PCs geworden, die heute auf jedem Schreibtisch stehen und von Jung und Alt bedient und beruflich sowie privat genutzt werden. Möglich wurde das durch die Transistortechnik, jene kleinen Halbleiterbauelemente, die elektrische Impulse schalten und steuern. Abgelöst wurde diese Technik durch die noch kleineren und leistungsfähigeren Mikrochips. Weder aus dem Büroalltag noch aus dem Freizeitbereich sind Computer heute wegzudenken und durch den tragbaren Laptop sind sie auch zum nützlichen Begleiter für Urlaub und Dienstreise geworden.

Seit den 1990er-Jahren ist durch die Entwicklung des World Wide Web noch eine neue Dimension hinzugekommen: die weltweite Vernetzung und der Datenaustausch unzähliger Computernutzer rund um den Erdball. Als Vater des World Wide Web gilt der britische Physiker und Mathematiker Tim Berners-Lee, der beim europäischen Kernforschungszentrum CERN beschäftigt war. Dass sich einige Laboratorien auf französischem Gebiet, andere auf Schweizer Gebiet befanden, erschwerte den Austausch von Informationen. 1989 arbeite Berners-Lee eine Lösung des Problems aus, die als Ursprungsmodell des World Wide Web gilt.

44 Die Waschmaschine – bequem, schnell und umweltfreundlich

Walken, rubbeln, kneten und auswringen – in vorigen Jahrhunderten vollbrachten Waschfrauen schweißtreibende und zeitraubende Muskelarbeit. Heute erledigen Hochleistungsapparate den Knochenjob und sind dabei auch noch sehr umweltfreundlich. 1946 kam der erste Waschvollautomat auf den Markt.

Die Arbeit der Waschfrauen war hart und mühselig. Mit viel Kraftaufwand mussten sie die Schmutzwäsche bearbeiten, ein Knochenjob für wenig Lohn. War die Wäsche mit großem Aufwand gesäubert, war die Arbeit noch lange nicht getan, denn sie musste schließlich auch getrocknet werden. Das erforderte noch einmal viel Muskelkraft, denn dazu wurde sie zunächst ausgewrungen und anschließend auf die Leine gehängt.

Dass es ausgerechnet männlichen Tüftlern in den Sinn kam, in einem typischen Frauenberuf über Erleichterung nachzusinnen, war kein Akt der Galanterie, sondern hatte handfeste Gründe. Es ging darum, auf Dauer Personal einzusparen und die Säuberung effizienter zu gestalten. Mitte des 18. Jahrhunderts war es ein Regensburger Theologe, der eine »Rührflügelmaschine« entwickelte. Dabei wurden Holzflügel in einem Bottich in rotierende Bewegung gesetzt. Wäsche, Wasser und Seifenzusatz wurden dadurch im Bottich bewegt, und der Schmutz löste sich. Armarbeit war dabei aber immer noch erforderlich.

Auch in den Vereinigten Staaten versuchte man damals die Handwäsche etwas leichter zu gestalten. 1797 meldete Nathaniel Briggs sein Patent auf eine Waschmaschine an. Dieses Gerät bestand aus einem Waschbrett, über das mit Kurbeln und Walzen unter Zugabe von Wasser und Seife die schmutzige Wäsche gepresst wurde. Der Schmutz wurde auf diese Weise regelrecht aus der Wäsche herausgequetscht. Über 50 Jahre später arbeitete man an einem Vorläufer der Trommelwaschmaschine, die auch noch immer per Hand betrieben werden musste. Um diese neuartigen Geräte anzupreisen und bekannt zu machen, wurden öffentliche Schau-Waschgänge abgehalten, bei denen man dem staunenden Publikum die neue Technik vorführte. Die Wunderwerke waren imstande, in nur fünf Minuten 20 Herrenhemden rein zu bekommen – eine enorme Ersparnis an Arbeitszeit und Brennmaterial. Denn erst mit heißem Wasser wurde die verschmutzte Wäsche wirklich vorzeigbar sauber.

1901 war es der US-Amerikaner Alva J. Fisher, der neuen Schwung in den Waschmaschinenmarkt brachte, indem er eine elektrisch betriebene Waschmaschine konstruierte. Bis zur Einführung der ersten Waschvollautomaten dauerte es aber noch ein halbes Jahrhundert. 1946 kamen die Wunderapparate in den USA, ab 1951 in Deutschland auf den Markt. Weil diese neuen Maschinentypen noch sehr teuer waren, kamen einige Geschäftsleute auf die Idee, sie tageweise an Haushalte zu vermieten. Auch die ersten Waschsalons öffneten damals ihre Pforten.

Heutige Waschvollautomaten gleichen großen computergesteuerten Elektronikkästen, die nicht nur auf die Reinigung von schmutziger Wäsche ausgelegt sind, sondern auch besonders umweltfreundlich arbeiten. Sie verbrauchen wenig Strom und Wasser und kommen mit wenig Waschmittel aus. Bei den Geräten der neuen Generation sorgt eine ausgefeilte Computersteuerung dafür, dass die Waschmaschine Verschmutzungsgrad und Wäschemenge erkennt und besonders effektiv arbeitet. Sonderformen von Waschmaschinen gibt es für die industrielle Säuberung im großen Stil. Vor allem im Krankenhausbereich wird ein spezieller Waschmaschinentyp benötigt, der über getrennte Wäscheeingabe und Wäscheausgabeöffnung verfügt. Auf diese Weise kann den hohen Hygienestandards entsprochen und die Keimfreiheit garantiert werden.

Bei der Industrieausstellung 1958 in Paris vorgestellt – eine Trommelwaschmaschine für Großwäschereien.

45 Roboter – fleißige Diener dank Festplatte

Von Maschinenmenschen, die unser Leben leichter machen, träumte man schon vor einigen hundert Jahren. Doch erst im 20. Jahrhundert wurde dieser Traum Wirklichkeit. 1950 wurden zwei Blechschildkröten mit hoch entwickelter Technik ausgestattet. Elsie und Elmer hießen diese Versuchsroboter.

Die tschechischen Schriftsteller Josef und Karel Capek machten 1921 Maschinenmenschen zu Protagonisten in einem ihrer futuristischen Theaterstücke. Sie nannten diese Eisenmänner Roboter, abgeleitet vom slawischen Wort »Robota«, das Frondienst oder Zwangsarbeit bedeutet. Was damals noch Inhalt von Science-Fiction-Stoff war, ist heute Wirklichkeit. Roboter sind hochtechnisierte Apparate, die dem Menschen in vielen Bereichen die Arbeit abnehmen oder erleichtern sollen. Sie treten beispielsweise in der Automobilindustrie gehäuft in Aktion, wo sie unter anderem zum präzisen Zusammenschweißen einzelner Baugruppen genutzt werden. Sie werden in gefährlichen Situationen eingesetzt, untersuchen Koffer, in denen man Sprengladungen vermutet, oder entschärfen Minen. Roboter werden aber auch als Tiefseetaucher genutzt, bei der Erkundung ferner Planeten oder als staubsaugende oder rasenmähende Helfer in Haushalt und Garten.

Nach wissenschaftlicher Definition ist ein Roboter eine Maschine, die in der Lage ist, sich selbstständig zu bewegen und bestimmte Tätigkeiten nicht ferngelenkt, sondern selbsttätig, vorprogrammiert auszuführen. Der Roboter steht in der Technologie-Hierarchie sehr weit oben, weil er eine weiterentwickelte Spezies, eine optimierte Kombination aus Computer und frei beweglichem Automat ist.

Der Traum davon, dass Automaten anstelle von Menschen Aufgaben übernehmen, ist schon sehr alt. Er rückte in die Nähe des Möglichen, als sich die Mechanik zu hoher Leistungsfähigkeit entwickelte. 1769 baute der österrei-

Ein Nachbau des legendären Schachtürken, den der Erfinder Wolfgang von Kempelen im 18. Jahrhundert zum Einsatz brachte.

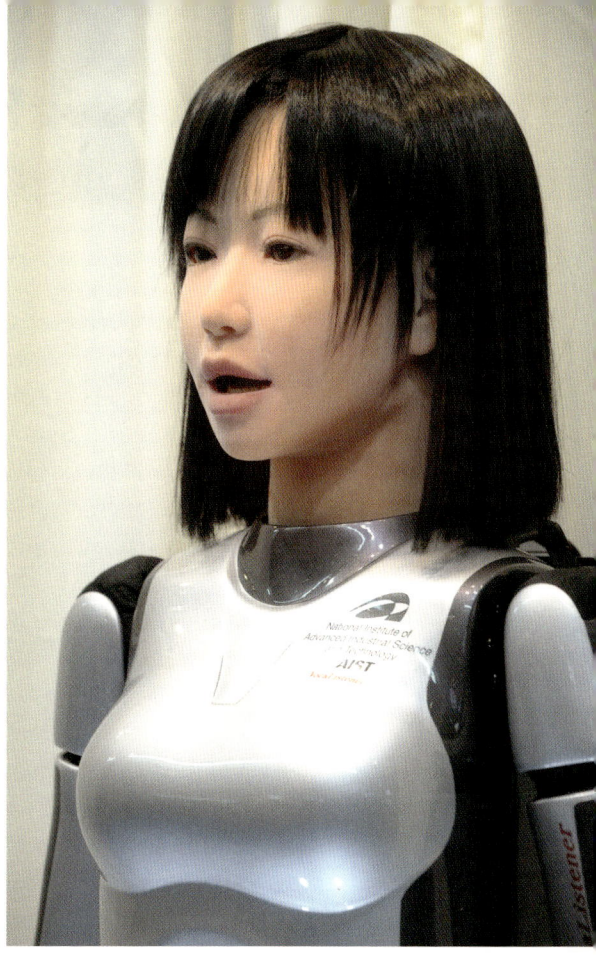

chisch-ungarische Hofbeamte und Erfinder Wolfgang von Kempelen seinen berühmten »Schachtürken«, eine mannshohe Figur von orientalischem Aussehen, mit Umhang und Turban bekleidet, im Innern ausgestattet mit einem ausgeklügelten Federwerk. Die Figur war eine Attraktion, die in Schaukämpfen gegen Menschen antrat. Die Mechanik in dem Schachautomaten war sehr ausgefeilt, aber seine Schachzüge führte er nicht selbsttätig aus, sondern er wurde von einem intelligenten Liliputaner gesteuert, der sich im Innern des Apparates versteckt hielt.

Bei den frühen Automaten war nicht die Beweglichkeit das Problem, sondern die selbstständige Datenverarbeitung, Informationsauswertung und die daraus resultierende Aktion. Das alles wurde erst möglich, als die Computertechnik ausgereift und man in der Lage war, Ar-

Mensch oder Maschine? Roboterfrau made in Japan 2010.

beitsvorgänge zu programmieren. Nun ging es darum, den bis dahin noch sehr statischen Maschinen einen gewissen Grad an Beweglichkeit zu geben und sie auch mit »Sinnesorganen« auszustatten, damit sie ihre Bewegungsabläufe koordinieren konnten. Das gelang erstmals 1950, als man den beiden legendären Roboter-Schildkröten Elsie und Elmer Fotozellen einbaute, die es ihnen ermöglichten, hell und dunkel zu unterscheiden. Auf diese Weise konnten Elsie und Elmer selbstständig ihre Ladestation anfahren, die mit einer Lichtquelle ausgestattet war. 23 Jahre später hatten japanische Wissenschaftler einen Roboter entwickelt, der zusätzlich noch auf akustische Signale reagieren, der tasten und sich fortbewegen konnte.

Bei der Entwicklung der neuen Roboter-Technologie wird die »künstliche Intelligenz« zu einem entscheidenden Faktor. Selbstständig und logisch denken können die Maschinen nicht. Darin ist ihnen das menschliche Gehirn weit überlegen. Um auf diesem Feld weiterzukommen, verzahnen Wissenschaftler aus verschiedenen Disziplinen ihre Forschungsarbeit. Aber wie beweglich, präzise, schnell, effizient und »eigenständig« Roboter auch arbeiten, die wichtigsten Faktoren, die die Entscheidungen von Menschen beeinflussen fehlen ihnen: Gefühl und Logik.

46 Laser – die gebündelte Kraft des Lichtes

Das Laserlicht wird in allen erdenklichen Bereichen einge-setzt: in der Industrie, in der Medizin, in der Vermessungs-technik und auch in der Unterhaltungselektronik. Die Grundlagen für die epochale Erfindung der Lichtbündelung gehen auf Theorien des Genies Albert Einstein zurück. In die Tat umgesetzt hat sie ein amerikanischer Physiker, der 1960 das erste funktionierende Lasergerät baute.

Nicht mit Bleikugeln wie im Wildwestfilm, sondern mit einem gezielten Schuss aus der Laserpistole werden Duelle in Science-Fiction-Geschichten ausgetragen. Erfunden wurde die machtvolle Lichtkraft von Theodore Mai-man. Dem US-amerikanischen Physiker gelang es 1960, mit einer von ihm konstruierten Apparatur einen Lichtstrahl durch einen geschliffenen Rubin zu schicken und den Strahl dadurch punktgenau zu fokussieren. Damit hatte Maiman das erste funktionierende Lasergerät entwickelt.

Was man damit anfangen konnte, war aber der Fachwelt und auch dem Erfinder ein Rätsel. Maiman wird mit den Worten zitiert: »Ich habe eine Lö-sung gefunden, die nach einem Problem sucht«. Heute weiß man, dass Mai-man mit dem Laser eine enorm wichtige Erfindung gelungen ist.

Laser ist die Abkürzung von »Light Amplification by Stimulated Emission of Radiation«, auf Deutsch »Lichtverstärkung durch stimulierte Strahlungs-emission«. Laserstrahlen tasten die Oberflächen von CDs und DVDs ab und sorgen für brillante Klang- und Bildqualität. Laserstrahlen können wie Skal-pelle genutzt werden. Mit ihrer Hilfe werden Augenkorrekturen und andere medizinische Eingriffe vorgenommen. Laserstrahlen werden am Bau- und bei der Landvermessungen eingesetzt. Und in Diskotheken oder bei Open-Air-Veranstaltungen sind spektakuläre Lasershows als Attraktion nicht mehr wegzudenken. Mit der gebündelten Kraft des Laserstrahls kann man exakt und auf den Millimeter genau hartes Material wie Eisen und Stahl auseinan-dertrennen oder punktgenau zusammenschweißen. Aber nicht nur beim harten Stahl und anderen Metallen, sondern auch bei der Kunststoffverar-beitung hat der Einsatz von Laserstrahlen klare Vorteile gegenüber her-kömmlichen Techniken.

Den Grundgedanken und den Anstoß für die Lasertechnik gab Albert Ein-stein, der als Physiker dem Phänomen Licht auf die Spur zu kommen suchte. Seine Überlegungen mündeten in der Überzeugung, Licht müsse aus ein-

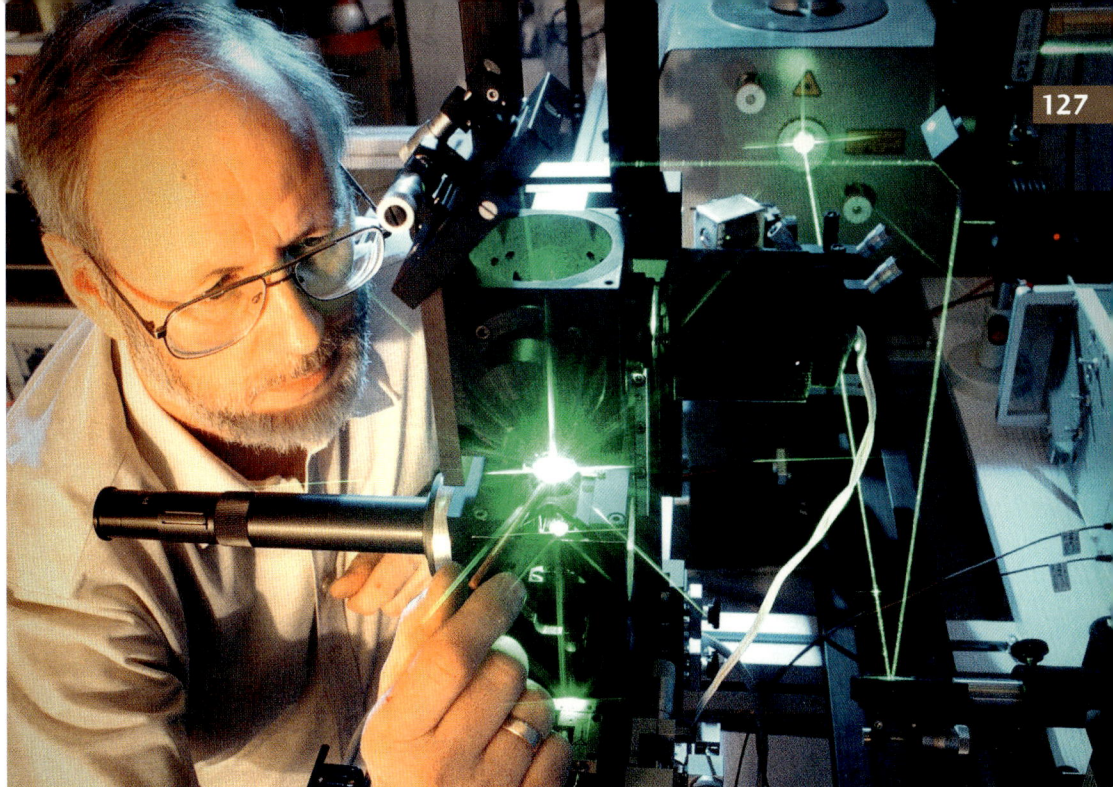

zelnen Energieteilchen bestehen. Die Teilchen nannte er Lichtquanten. Seiner Meinung nach bündelten sie sich zu einem Lichtstrahl, der sich in eine bestimmte Richtung bewegt. Diese Theorie wurde zur Grundlage weiterer Forschungen. Schon 1916 entwickelte Einstein die Theorie von der »stimulierenden Emission«. Demnach erzeugt Material, das mit Energie bestrahlt wird, Lichtteilchen.

Die hypothetischen Gedanken Einsteins wurden 1928 zum ersten Mal in einem Experiment des US-Wissenschaftlers Rudolf Ladenburg bestätigt. Es stellte sich heraus, dass die Atome verschiedener Materialien durch den Beschuss mit elektrischer Energie oder gebündeltem Licht dazu angeregt werden, selbst Lichtteilchen, sogenannte Photonen, freizusetzen. Bei weiterer Zuführung von Energie setzt eine Kettenreaktion ein, bei der die Photonen weitere Atome im bestrahlten Material dazu anregen, selbst wieder Lichtteilchen zu produzieren. Um diesen Prozess im Lasergerät in Gang zu bringen, befinden sich darin zwei gegenüberliegende Spiegel, zwischen denen die Photonen hin und her geschossen werden. Auf diese Weise werden immer mehr Lichtteilchen erzeugt, die durch einen der beiden Spiegel austreten können und den gebündelten Lichtstrahl erzeugen, der typisch für die Lasertechnik ist. Theodore Maiman, dem die epochale Erfindung der Lasertechnik zu verdanken ist, wurde zweimal für den Physik-Nobelpreis nominiert. Allerdings wurden dem Physiker, der 2007 verstorben ist, jedes Mal andere Kollegen vorgezogen.

Moderne Lasertechnik aus dem Jenaer Institut für Hochtechnologie.

47 Empfängnisverhütung – vom Schafsdarm zur Antibabypille

Um sich vor ungewollter Schwangerschaft zu schützen, wenden Frauen seit Jahrhunderten verschiedene vorbeugende Mittel an. Schon im Mittelalter kannte man rund 20 Methoden, um sich beim Sexualverkehr zu schützen. Vom Kondom aus Schafsdarm bis zur sexuellen Revolution durch die Antibabypille, die 1961 auf den deutschen Markt kam, war es ein langer Weg.

Die Geschichte der Empfängnisverhütung reicht bis in die Antike zurück. Schon bei Römern, Griechen und Ägyptern versuchten Frauen sich vor ungewollten Schwangerschaften zu schützen. Es waren vor allem die professionellen Liebesdamen, die das Risiko verringern wollten, von einem ihrer Freier schwanger zu werden. Aber auch verheiratete Frauen versuchten allzu reichem Kindersegen vorzubeugen. Daher wurde mit allen Tricks versucht, die Spermien daran zu hindern, ihren Weg Richtung Muttermund zu nehmen. Eine Methode, die von ägyptischen Frauen bereits um 1500 v. Chr. angewendet wurde, war eine Art Tampon, der vor dem Geschlechtsakt in die Scheide eingeführt wurde. Die Mullbinde wurde mit einer Mischung aus zerriebenen Akazienblättern und Honig getränkt. Akazienblätter enthalten Milchsäure, die Spermien abtötet. Auch eine Salbe aus Zedernöl, Bleisalbe und Weihrauch wirkte empfängnisverhütend, hatte aber den Nachteil, dass sie durch den Bleigehalt gesundheitliche Schäden verursachte.

Historische Verhütung – ein Kondom aus Tierhaut mit einer erotischen Szene geschmückt.

Um das Jahr 1000 n. Chr. kannten fortschrittliche Ärzte schon 20 verschiedene Methoden, mit denen man eine Schwangerschaft vermeiden konnte. Auch eine Art Kondom für die Frau wurde schon zu jener Zeit entwickelt, das in die Scheide eingeführt wird, sowie das Scheidenpessar aus Gummi, das wie eine Haube ins Scheidengewölbe eingeführt wird und eine Barriere für die Samen darstellt.

Männer taten sich von jeher schwer damit, selbst aktiv Schwangerschaftsverhütung zu betreiben. Wenn sie es taten, ging es ihnen wohl eher darum, Geschlechtskrankheiten zu entgehen. Nicht sehr effektiv waren erste Kondome aus gewebtem Stoff, wie sie schon im Mittelalter benutzt wurden. Sie waren einfach zu durchlässig für Krankheitskeime wie für Spermien. Wirkungsvoller waren da schon die Kondome, die man aus Tierdärmen herstellte. Auch der legendäre Frauenverführer Casanova soll solche Naturkondome bei seinen Affären benutzt haben. Als Charles Goodyear – den Namen verbindet man heute mit Autoreifen – 1839 die Vulkanisierung von Kautschuk erfand, revolutionierte das auch den Lustsektor. 1855 brachte Goodyear das erste Gummikondom auf den Markt.

Für eine sexuelle Revolution sorgte im Juni 1960 die Antibabypille. Diese pharmazeutische Methode, die Schwangerschaft zu verhindern, wurde in den USA entwickelt und am 1. Juni 1961 auch auf dem deutschen Markt eingeführt. Mit entsprechenden Forschungen hatte man schon zu Beginn des 20. Jahrhunderts begonnen. Die »Pille« hat sich zum meistverwendeten Mittel gegen ungewollte Schwangerschaft entwickelt.

Die Antibabypille enthält die weiblichen Hormone Östrogen und Gestagen. Sie gilt als das sicherste Verhütungsmittel. Im Körper der Frau wird durch die künstliche Beeinflussung des Hormonsystems eine Schwangerschaft vorgetäuscht. Die erwünschte Reaktion des Körpers ist eine Abwehrhaltung gegen die Spermien. Östrogene und Gestagene werden im weiblichen Körper auch auf natürliche Weise produziert, vor allem dann, wenn es zu einer Schwangerschaft gekommen ist. Dann wird vermehrt Gestagen ausgeschüttet, was die Reifung einer neuen Eizelle unterbindet – ein natürlicher Schutzprozess, der auch durch die Einnahme der Pille ausgelöst wird.

»Teenager sind Mädchen, die mehr über die Pille wissen als ihre Mütter über die Geburt.«
Dustin Hoffman

48 Raumfahrt – der Weg zu den Sternen

Der Blick zum Himmel versetzte schon die Menschen der Urzeit in Verzückung und weckte den Wunsch, nach den Sternen zu greifen. Aber erst Anfang des 20. Jahrhundert war die Technik so weit, dass man sich ernsthafte Gedanken über Raumfahrtprojekte machen konnte. 1969 war es dann soweit. Nach vielen unbemannten und bemannten Flügen ins All betrat der erste Mensch den Mond. Dieser kleine Schritt eines einzelnen Menschen wurde zu einem entscheidenden Schritt für die Menschheit.

Fragen über Fragen haben sich die Menschen schon vor Tausenden von Jahren gestellt, wenn sie zum Himmel blickten und bei Nacht die vielen kleinen leuchtenden Punkte betrachteten, dazu den großen runden Mond in seinem kalten Licht. Es ist wohl eine Art Urwunsch der Menschen, dem Himmel und seinen Geheimnissen auf die Spur zu kommen. Aber das war natürlich mit den Mitteln prähistorischer Zeiten nicht möglich. Also musste man warten, bis die Technik hoch genug entwickelt war.

Zu Beginn des 20. Jahrhunderts war die Zeit endlich reif für ernsthafte Theorien und erste praktische Versuche. Der Russe Konstantin Ziolkowski erkannte bereits 1903, dass es enormer Kräfte bedurfte, sich Richtung Sternenhimmel in Bewegung zu setzen. Und auch das genaue Szenario für einen Ausflug ins All hatte er gedanklich schon durchgespielt. Man brauchte einen Antrieb, der durch das Verbrennen von Treibstoff Gase erzeugen konnte. Diese Gase musste man durch eine Düse leiten, um die nötige Schubkraft für einen Flug ins All zu erzeugen. Auf diesem Grundprinzip Ziolkowskis basiert auch noch die aktuelle Raketentechnik. Der US-Amerikaner Robert Goddard baute auf diesen Überlegungen auf, als er 1926 eine kleine Versuchsrakete in den Himmel schickte. 2000 Meter stieg sein Gerät in die Lüfte und erreichte fast Schallgeschwindigkeit.

Aber nicht nur in Russland und in den USA waren die Raumfahrtpioniere aktiv. Auch in Deutschland stellte man entsprechende Forschungen und Versuche an. 1923 veröffentlichte der Mediziner und Physiker Hermann Oberth sein wissenschaftliches Werk *Die Rakete zu den Planetenräumen*, das wichtige Überlegungen und Erkenntnisse enthielt. Auch Oberth experimentierte mit kleinen Raketen und bestätigte dabei, dass nur Flüssigbrennstoff genügend Leistung entwickeln konnte, um eine Rakete in bislang unerreichte

»Jetzt ist es Zeit für ein großes neues amerikanisches Vorhaben ... Ich glaube, diese Nation sollte es sich zum Ziel setzen, noch vor Ende dieses Jahrzehnts einen Menschen auf dem Mond landen zu lassen und sicher zur Erde zurückzubringen.«
John F. Kennedy

Höhen zu schießen. Einige Jahre später wurde die Forschung auf dem Gebiet der Raketentechnik in Deutschland zu militärischen Zwecken weiter vorangetrieben. Man befand sich in einem aussichtslosen Krieg und suchte verzweifelt nach einer Wunderwaffe. Wernher von Braun war einer der führenden Wissenschaftler, die sie entwickeln sollten. Schon mit der »V 1« hatten die Deutschen die ersten Marschflugkörper der Militärgeschichte gebaut und damit Ziele in London und Antwerpen beschossen – eine heimtücki-

Robert Goddard beobachtet aus sicherer Entfernung den Start einer seiner Raketen.

Das Team um Wernher von Braun ging aber noch einen Schritt in der Waffenentwicklung weiter. Die von ihm mitentwickelte »V 2« wurde der erste Flugkörper, der 1942 in den Weltraum vorstieß. Die »V 2« sah den heutigen Raketen schon sehr ähnlich. Sie war 14 Meter hoch, wog fast 14 Tonnen und erreichte eine Flughöhe von 85 Kilometern und mit 4800 Kilometern in der Stunde annähernd fünffache Schallgeschwindigkeit.

sche Waffe, die viele Menschen das Leben kostete und große Zerstörungen anrichtete. Der Buchstabe »V« stand für »Vergeltungswaffe«.

Nach der Kapitulation Deutschlands wurde das Wissenschaftlerteam um Wernher von Braun in die USA gebracht. Dort setzten die deutschen Ingenieure ihre Entwicklungsarbeit fort und planten Interkontinentalraketen, die in der Lage waren, mit Atomsprengköpfen bepackt, Ziele in der Sowjetunion zu erreichen. Aber auch für die zivile Raumfahrt arbeitete von Braun und entwickelte in den 1960er-Jahren die »Saturn 5«-Träger-Rakete, mit der die bemannten »Apollo«-Kapseln zum Mond geschossen wurden.

Auch die Sowjets hatten sich nach dem Ende des Krieges deutsches Raketen-Know-how gesichert. Auf der Basis der »V 2« hatten sie ebenfalls Atomraketen gebaut, die auf Ziele in den USA und der NATO-Bündnispartner gerichtet waren. Ost und West befanden sich im Kalten Krieg. Aber nicht nur militärisch lieferten sich die UdSSR und die USA ein Wettrennen. Die rivalisierenden Großmächte arbeiten mit Feuereifer an der bemannten Raumfahrt – ein kostspieliges Prestigeprojekt. Die sowjetischen Raketenbauer waren mit ihrer Sojus-Trägerrakete überaus erfolgreich. Sie galt als sehr zuverlässig und sicher. Mit ihr wurde 1961 der damals 27-jährige Juri Gagarin als erster Mensch ins All geschickt. Der Flug dauerte 108 Minuten,

Himmlisches Gipfeltreffen bei Pariser Luftfahrtschau 1965 – der sowjetische Kosmonaut Yuri Gagarin (Mitte) schüttelt US-Astronauten die Hand. US-Vizepräsident Humphrey und der französische Premier Pompidou freuen sich darüber.

und der Kosmonaut erreichte eine Höhe von 327 Kilometern. Aus den kleinen Luken seiner Raumkapsel »Wostok« blickte Gagarin von oben auf den blauen Planeten hinunter. »Ich sehe die Erde, sie ist so schön«, waren seine Worte, die in die Geschichte der Weltraumfahrt eingingen. So erfolgreich wie sein Ausflug ins All war auch seine sichere Landung auf der Erde.

Die Sowjets hatten auf diesen Erfolg lange hingearbeitet und schon 1957 eine unbemannte Sputnik-Kapsel ins All geschossen. Im selben Jahr wurde mit der Schäferhündin Laika das erste Lebewesen in den Weltraum geschickt. Laika überlebte den Ausflug zwar nicht, aber die Mission wurde dennoch als großer Erfolg gewertet. In der Raumfahrt hatten die Sowjets damals eindeutig die Nase vorn – besonders als es ihnen 1959 gelang, mit einer unbemannten Sonde als Erste auf dem Mond zu landen, wenn auch sehr hart.

Gefeiert im gesamten Ostblock – eine rumänische Briefmarke würdigt den Weltraumhund Laika.

Als Antwort auf die sowjetischen Erfolge pumpten die USA Milliarden in ihr Raumfahrtprojekt, bei dem die bemannte Mondlandung absolute Priorität genoss. Es sollte ein US-Astronaut sein, der als erster Mensch einen Fuß auf den Erdtrabanten setzte. Am 20. Juli 1969 war es soweit. Neil Armstrong sprach seinen weltberühmten Satz vom kleinen Schritt für einen Menschen, aber vom großen Schritt für die Menschheit. Nach vielen weiteren erfolgreichen Weltraumprojekten beider Seiten, aber auch nach einigen Unfällen, bei denen Astronauten und Kosmonauten ihr Leben ließen, arbeiten Russen und US-Amerikaner nunmehr gemeinsam an einem spektakulären Weltraumprojekt, der bemannten Station ISS, zu der ab dem Jahr 2000 Besatzungen aus beiden Staaten geschickt wurden.

Auch in Westeuropa dachte man in den 1970er-Jahren an ein eigenes Weltraumprogramm. Der ESA, der European Space Agency, ging es dabei weniger um das Prestige als vielmehr um wirtschaftliche Interessen. Die neuen satellitengestützten Kommunikationstechniken Telefon, Fernsehen, Hörfunk und Navigation machen es nötig, Sende- und Empfangsmodule in die Erdumlaufbahn zu bringen – ein gutes Geschäft, wenn man über die geeignete Raketentechnik verfügt. Nach vielen Misserfolgen war das europäische Raketenprojekt Ariane schließlich von Erfolg gekrönt. 1988 brachte die erste Ariane-Rakete den ESA-Wetter-Satelliten »Meteosat« in seine Umlaufbahn.

»Hier setzten Männer vom Planeten Erde erstmals einen Fuß auf den Mond. Juli 1969. Wir kamen in Frieden für die gesamte Menschheit.« Aufschrift der Gedenkplakette, die die Astronauten aufstellten.

49

Alternative Energien –
Kraft aus Sonne, Wind und Wasser

Fossile Brennstoffe sind endlich. Diese Erkenntnis schwebt wie ein Damoklesschwert über unserer Zukunft. Aber erst 1973 führte die Ölkrise zu einem Umdenken im Energiesektor. Seitdem denkt man über alternative Energiequellen nach, die nicht nur umweltverträglich sind, sondern auch effizient genutzt werden können.

Alles geht einmal zur Neige, auch die fossilen Brennstoffe, die zur Zeit noch das Schmiermittel Nummer eins der Weltwirtschaft sind. Die Ölkrise führte 1973 klar vor Augen, was passiert, wenn der Ölhahn zugedreht wird. Damals drosselten die arabischen Mitgliedstaaten der OPEC, der Organisation der ölexportierenden Länder, die Ölförderung, um auf diese Weise während des Jom-Kippur-Kriegs politischen Druck auf Israel und seine Verbündeten auszuüben. Die Ölförderung wurde damals um lediglich fünf Prozent gedrosselt, aber die Folgen waren eine weltweite Wirtschaftsrezession, Fahrverbote, autofreie Sonntage und riesige Warteschlangen an den Tankstellen.

Aber dieses von der OPEC ausgelöste Horrorszenario hatte auch seine guten Seiten. Unter dem Eindruck der Ölverknappung machten sich viele Politiker, Wirtschaftsexperten und Wissenschaftler Gedanken über die Endlichkeit der Rohstoffe. Die Grünen erhielten Aufwind, und sogenannte alternative Energien wurden diskutiert. Damals war es vor allem die Sonnenenergie, die von vielen Seiten propagiert wurde. Autoaufkleber mit fröhlichen Sonnengesichtern waren allgegenwärtig. Viele aber taten das Thema Sonnenenergie als fixe Idee von alternativen Spinnern ab. Heute sieht man jedoch auf vielen Dächern von Wohn-, Geschäfts- und Industriegebäuden Kollektoren, die Kraft aus der Sonne schöpfen.

Als es 1979/1980 noch einmal zu einer Ölkrise kam, begann ein Experten-Team damit, in der Nähe der spanischen Stadt Almeria eine riesige Forschungsanlage für Solarenergie zu bauen. Deutsche und spanische Wissenschaftler wollten in der sonnenreichen Wüstenregion von Tabernas herausfinden, ob man mit Solarkraftwerken genügend Energie gewinnen könnte. Aus dem Experiment ist längst ein wirtschaftlich arbeitendes Sonnenkraftwerk geworden, das die Sonnenstrahlen mit Hilfe von großen Parabolspiegeln einfängt. Und in der spanischen Provinz Granada erzeugt mittlerweile das größte Sonnenkraftwerk Europas Strom für 500 000 Menschen. Durch die eingefangene Wärme wird eine Turbinenanlage betrieben,

»Der Photovoltaik-Anteil am Energiemix ist – entsprechendes Wetter vorausgesetzt – beeindruckend. Zwischen dem 1. und dem 22. Juli beispielsweise wurden an elf Tagen zwischen 13 und 14 Uhr jeweils mehr als 7000 Megawattstunden Photovoltaik-Strom in die öffentlichen Netze gespeist, was in etwa der Leistung von sieben Atomkraftwerken entspricht. Der deutsche Strombedarf insgesamt liegt in der Mittagszeit bei rund 65 bis 70 Gigawattstunden – der Anteil der Photovoltaik am Energiemix lag also zumindest zeitweise bei rund zehn Prozent.«
aus: PHOTOVOLTAIK

Energie aus Sonne und Wind – Solartechnik und modernes Windrad.

Um mit Sonnenstrahlen Wasser für Dusche und Bad zu erwärmen, wird Wasser durch ein Rohrsystem geleitet, das sich unter einem Sonnenkollektor auf dem Dach eines Hauses befindet. Durch die Sonneneinstrahlung erwärmt sich das Wasser und kann innerhalb des Hauses als Warmwasser genutzt werden. Anders sieht es aus, wenn Sonnenkraft über eine Photovoltaikanlage zur Stromerzeugung genutzt wird. Dabei werden die Sonnenstrahlen von Solarzellen sofort in elektrische Energie umgewandelt und diese in das Netz eines Energieversorgungsunternehmens eingespeist, das den solar erzeugten Strom vom Hausbesitzer kauft und über seine Leitungen verteilt.

die Elektrizität erzeugt. Dank eines ausgeklügelten Systems der Wärmespeicherung kann die Anlage auch nach Sonnenuntergang Strom erzeugen. Visionäre träumen mittlerweile davon, solche Anlagen auch in den afrikanischen Wüstengebieten zu installieren. Problematisch wäre dabei allerdings der Energietransport zum weit entfernten Verbraucher.

Kürzer ist da schon der Weg, den die Solarenergie vom heimischen Dach zur Verbrauchsstelle zurücklegen muss. Als Wärmelieferant für Dusch- und Badewasser kann die Sonnenwärme direkt genutzt werden. Ein Nachteil der heimischen Solaranlagen ist der Umstand, dass die Sonneneinstrahlung in unseren Breiten nicht annähernd so hoch ist wie in der Wüste. Es gibt viele Tage im Jahr, an denen die Sonne nicht scheint.

Neben der Solarenergie, die in Deutschland rund zwei Prozent der Energieversorgung ausmacht, hat sich auch der Wind als Energielieferant bewährt. Mit großen Windrädern fängt man seine Kraft ein. An der Küste – auf dem Festland, aber auch im Meer als sogenannte Offshoreanlagen – und in anderen windbegünstigten Regionen wurden große Windparks errichtet, in denen ein moderner Windkraftturm neben dem anderen steht. Durch die Rotation der Windräder werden im Inneren der Türme Turbinen angetrieben, die Strom erzeugen und direkt ins Netz einspeisen. Die Idee, den Wind als Energiequelle zu nutzen, ist sehr alt. Schon in der Antike und im Mittelalter wurden Windmühlen betrieben. Wenn der Wind in die Holzflügel blies, setzte sich der große Rotor in Bewegung. Über Gestänge und Zahnräder wurde die Kraft zu einem Mahlwerk geleitet, das Getreidekörner zu Mehl verarbeitete. In manchen historischen Mühlen kann man diesen interes-

Um die Kraft des Wassers optimal nutzen zu können, baute man Wassermühlen nicht direkt an den natürlichen Lauf eines Gewässers. Man errichtete sie an künstlichen Kanälen, durch die man das Wasser der Flüsse und Bäche leiten und die Fließkraft durch Stauwehre steuern konnte. Ähnlich wie beim Windrad wurde auch hier die Drehung des Rades über ein System von Gestängen und Zahnrädern auf angeschlossene Geräte gelenkt. Zum größten Teil waren es Sägewerksbetriebe, die die Wasserkraft nutzten, um große Baumstämme durchsägen zu können.

santen Mechanismus auch heute noch bewundern. Der Nachteil der Windkraft war in
vergangenen Zeiten derselbe wie heute. Nicht
immer weht genügend Wind, um die Räder anzutreiben. Dennoch ist die Windkraft heute in
Deutschland ein wichtiger Faktor der Energie-
erzeugung. Weit über 20 000 Windräder sind in
Betrieb und erzeugen jeweils über 1000 Mega-
watt pro Jahr (2012). Sie decken damit fast zehn
Prozent des Strombedarfs. Experten erwarten,
dass man 40 Prozent erreichen könnte.

Neben dem Wind ist auch Wasser eine natürliche Quelle zur Energiegewinnung, die
schon seit ewigen Zeiten angezapft wird. Der
Vorteil des Wassers gegenüber dem Wind besteht darin, dass Flüsse und Bäche stetig flie-
ßen – extreme Dürren ausgenommen.Heute
sind es Gezeitenkraftwerke, die den enormen
Wasserdruck von Ebbe und Flut nutzen, um
Turbinen anzutreiben. Aber auch durch Hö-
henunterschiede lässt sich die Kraft des Was-
sers in Strom umsetzen. Leitet man Wasser durch ein Kanalsystem von
einem höher gelegenen See in einen tiefer gelegenen, erzeugt das fallende
Wasser genügend Druck, um Turbinen anzutreiben und Strom zu erzeugen.

Geballte Kraft des
Wassers – ein Stausee
in Neu-Mexiko, USA.

Mit nicht genutzten Überkapazitäten kann das Wasser nachts wieder nach
oben gepumpt werden – ein Kreislaufsystem, das für die Ewigkeit bestimmt
ist. Aber die Erde hat noch mehr an Energiequellen zu bieten. Dass es im
Innern der Erde brodelt, wissen vor allem die Isländer. Dort gibt es die
berühmten Geysire, sprudelnde Heißwasserquellen, die durch die erdeigene
Hitze aufgewärmt werden. Der Erdkern ist bis zu 5000 Grad heiß – eine Wär-
mequelle, die anzuzapfen sich lohnt. Dazu braucht man aber nicht bis zum
Erdmittelpunkt vorzudringen. Bei der Nutzung der Geothermik wird Wasser
über eine Rohrleitung in eine Tiefe von bis zu 5000 Metern gepumpt. Dort
erhitzt es sich, wird nach oben befördert und kann in einem Kraftwerk Turbinen antreiben. Die Natur kann also auf vielfältige Weise zur Lösung unserer Energieprobleme beitragen.

50 Satelliten-Navigation – Orientierungshilfe vom Himmel

Die Geschichte der Navigation beginnt mit der Orientierung an den Sternen. Mit der Erfindung von Sextant und Kompass wurde es möglich, die Reiserouten noch exakter zu berechnen. Mit Hilfe von moderner Satellitentechnik ist es heute möglich, durch Signale aus dem All sehr präzise auf dem rechten Weg zu bleiben. Das berühmte GPS wurde 1995 in Betrieb genommen.

Mit bloßem Auge kann man sie am Himmel kaum erkennen, aber sie bestimmen unser tägliches Leben. Seit 1957 mit dem russischen Sputnik der erste Satellit in die Erdumlaufbahn gebracht wurde, sind noch weitere 5000 Satelliten in den Raum geschossen worden. Die vielen Satelliten sorgen für weltweiten Telefonempfang und bringen unzählige Fernseh- und Radioprogramme aus aller Welt ins Haus. Außerdem dienen sie den Meteorologen dazu, wichtige Daten zu ermitteln, um genauere Wettervorhersagen machen zu können. Für militärische Zwecke werden sie als Aufklärungssatelliten genutzt, die aus riesiger Höhe gestochen scharfe Fotos von feindlichen Stellungen oder Truppenbewegungen liefern können. Und sie sind in der Lage, Raketen und Marschflugkörper präzise in ihr Ziel zu lenken.

Diese moderne Leittechnik wurde auch für den zivilen Gebrauch nutzbar gemacht. Die Satellitennavigation sorgt dafür, dass vor allem Autofahrer ihre Ziele erreichen können. Das bekannte Global Positioning System

Radar basiert auf elektromagnetischen Wellen, die von einer Richtstrahlantenne in sehr kurzen Intervallen ausgesendet werden. Treffen diese Strahlen auf ein Hindernis, werden sie reflektiert und wieder von der Antenne aufgefangen. Aus der Zeitspanne zwischen Aussenden, Reflektieren und Auffangen wird die Entfernung zum erfassten Objekt errechnet. Die Signale werden auf einem Bildschirm sichtbar gemacht und helfen Hindernisse zu erkennen und zu umfliegen. Ähnlich funktioniert auch das Echolot. Hierbei werden akustische Signale, Schall- oder Ultraschallimpulse, ausgesendet. Dieses Prinzip wird in der Schifffahrt angewendet und soll vor Untiefen und anderen Hindernissen warnen.

Ein GPS-Satellit wird von der US-Basis Cape Canaveral in die Umlaufbahn geschossen.

(GPS) wurde 1995 eingeführt. Es bietet eine Ortungsgenauigkeit im Bereich von zehn Meter. GPS basiert auf Funksignalen, die zwischen einer Sende- und einer Empfangsstation ausgetauscht werden. Die Sendestation befindet sich im Satelliten, die Empfangsstation ist das Navigationsgerät im Auto, am Fahrrad oder in der Hand. Zur genauen Positionsbestimmung braucht man die Signale von mindestens vier Satelliten. Diese teilen ständig ihre genaue Position und die aktuelle Uhrzeit mit. Diese Informationen werden zur Erde geschickt und durch das Navigationsgerät empfangen und ausgewertet. Es kann aus diesen Daten in Sekundenbruchteilen die Position berechnen. Als Basis dient eine dreidimensionale Koordinatenbestimmung.

Um die Mindestempfangbarkeit von vier Satelliten auch bei schlechten Konditionen zu gewährleisten, werden die Zielobjekte ständig von bis zu

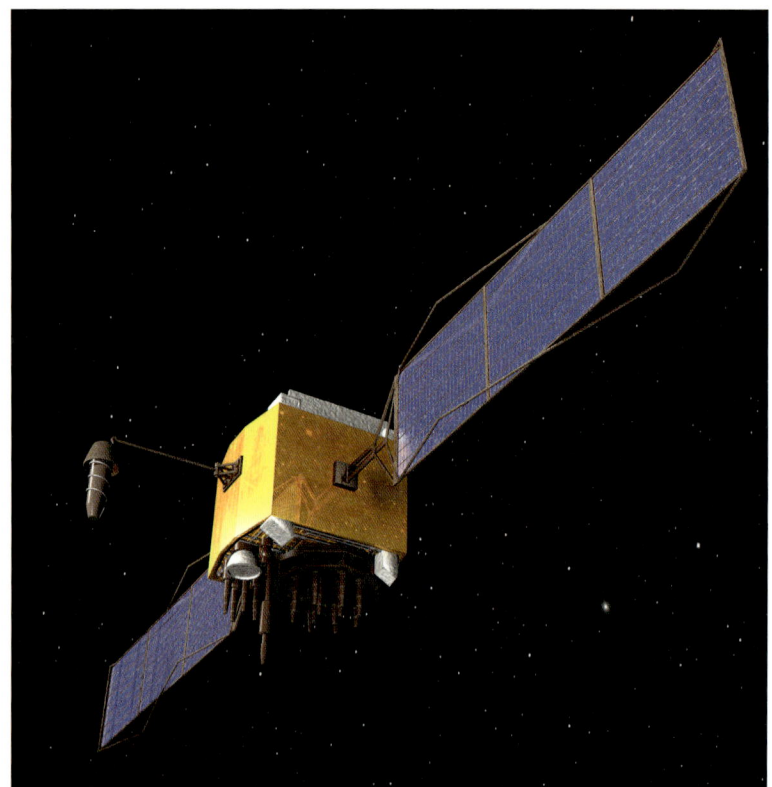

Ein GPS-Satellit funkt vom All aus Signale zur Positionsbestimmung Richtung Erde.

30 Satelliten angepeilt, die sich etwa 20 000 Kilometern über uns befinden. Damit es nicht zu einem Funksignalwirrwarr zwischen den einzelnen Sendern und Empfängern kommt, nutzen Sender und Empfänger spezielle Signalkodierungen, die nur von ihnen zu erkennen sind. Durch den schnellen und ständigen Datenaustausch zwischen den Satelliten und der Empfangsstation ergibt sich eine Streckengenauigkeit, die im Zentimeterbereich liegt. Die erste durch Satelliten gestützte Navigation wurde von den Vereinigten Staaten in den 1960er-Jahren in Betrieb genommen. Bevor Satelliten ins All geschossen wurden, um diese Art der Navigation möglich zu machen, war Radar das Leitsystem, das Flugzeuge und Schiffe auf ihrem Kurs hielt.

In den 1930er-Jahren hatten deutsche Techniker die ersten erfolgreichen Versuche mit Radar durchgeführt. Auch die Briten arbeiteten sehr erfolgreich an dieser neuen Technik. Sie waren die ersten, die ein Bordradar für ihre Bomber entwickelten. Heute wird die moderne Satellitennavigation auch im Flug- und Schiffsverkehr verwendet und hat die Radar- und Echolotortung weitgehend verdrängt.

Die Satellitenaufnahme zeigt einen Hurrikan, kurz bevor er auf die Küste Yucatáns trifft. Forscher arbeiten derzeit an einem GPS-System, das Naturkatastrophen wie Erdbeben, Erdrutsche oder Vulkanausbrüche frühzeitig erkennt, damit die betroffenen Regionen rechtzeitig gewarnt werden können.

Das amerikanische NAVSTAR-GPS und auch das russische GLONASS bildeten den Beginn der Satelliten-Navigation. Beide Systeme arbeiten seit den 1990er-Jahren. 2012 werden sie jedoch verbessert und mit neuen Satelliten bestückt. Voraussichtlich ab 2012 steht dann das GPS der zweiten Generation zur Verfügung. Auch Europa befindet sich in der Entwicklung eines eigenen Systems der Satelliten-Navigation. Dieses wird Galileo heißen, der Start ist jedoch noch nicht auf ein Datum festgelegt.

Daneben werden nationale, unterstützende Satelliten-Systeme entworfen, die die Genauigkeit der globalen Systeme verbessern und die lieferbaren Daten verfeinern sollen. Ein solches Quasi-Zenit-Satelliten-System wird demnächst in Japan starten und soll die Ortung in Japans Städten mit den tiefen Häuserschluchten optimieren.

Bildnachweis
Archiv Bucher: S. 6. 22, 26, 27, 38, 39, 44, 45 (2), 47, 49, 52, 53, 55, 57, 70, 71, 75, 78, 80, 82, 83, 86, 87, 88, 90, 91, 95, 102, 109, 111, 114, 116, 131, 132, 133, 137, 139. Alle folgenden Abbildungen wurden über dpa Picture-Alliance GmbH, Frankfurt bezogen: Archiv für Kunst und Geschichte (akg-images): S. 10, 15/16 (Herve Champollion), 17 (Yvan Travert), 19 (2), 23, 25 (Erich Lessing), 36, 63, 73, 89, 92, 93, 99, 123; Bildagentur online: 135, 140; Chromorange: S. 25 (Ulrich Stute); dpa: S. 11, 14 (EPA), 58, 59, 69, 77, 84, 96 (dpa-Report), 97, 100, 103 (dpa-Report), 106 (dpa-Fotoreport), 115 (dpaweb), 117, 119, 121 (dpa-Report), 124, 125, 127 (Bildfunk) 128 (Bildreport); Eventpress Herrmann: S. 60; Everett Collection: S. 29; Image State/HIP: S. 64/68 (Oxford Science Archive), 98 (Ann Ronan Picture Library), 112 (Oxford Science Archive); IMAGNO: S. 79; Lonely Planet Images: S. 43 (Martin Moos); Mary Evans Picture Library: S. 13, 20, 21, 30, 33, 41, 48, 61, 81, 105; Maxppp: S. 32 (© Costa/Leemage), 50/76/101 (©MP/Leemage); Picture alliance: S. 35; United archives: S. 46 (WHA); Zentralbild: S. 113, 127.
Coverabbildungen (von links oben nach rechts unten): akg, ZB, akg, dpa (Gambarini Mauricio), ZB (Jens Wolf), dpa (Holger Hollemann), chromorange (Christian Ohde), ZB (Hendrik Schmidt), Bildagentur-online (Klein), dpa (Lehtikuva Pekka Sakki), dpa (Fotoreport Mercedes-Benz), picture alliance, Arco Images (Wittek, R.), picture alliance, Bildagentur-online (Ohde), dpa (Imke Plesch).

Der Verlag hat sich bemüht, die Rechteinhaber aller Abbildungen korrekt anzugeben, und bittet, mögliche Falschangaben zu entschuldigen.

Alfried Schmitz wurde 1958 in Köln geboren. Nach Abitur, Wehrdienst und Studium begann er als Autor und Moderator im Hörfunk für verschiedene ARD-Anstalten zu arbeiten. Seit 2003 ist er daneben auch als Fernseh- und Internet-Autor für die WDR-Sendung »Planet Wissen« beschäftigt. Alfried Schmitz lebt mit seiner Familie bei Köln.

Impressum
© 2012 Bucher Verlag, München
Alle Rechte vorbehalten

www.bucher-verlag.de

Produktmanagement: Dorothea Teubner
Redaktion, Satz und Gestaltung: VerlagsService Dr. Helmut Neuberger & Karl Schaumann GmbH, München
Gestaltung Umschlag: Studio Schübel Werbeagentur GmbH, München
Lithografie: Repro Ludwig, Zell am See
Herstellung: Bettina Schippel
Druck und Bindung: Printer Trento S.r.l.

Bibliografische Angaben der Deutschen Nationalbibliothek
Die deutsche Nationalbibliothek verzeichnet diese Publikation in der Deutschen Nationalbiografie; detaillierte bibliografische Daten sind im Internet über http://dnb.d-nb.de abrufbar.

ISBN 978-3-7658-1880-6

In gleicher Reihe erschienen ...

ISBN 978-3-7658-1834-9

Die 50 bedeutendsten Frauen
der deutschen Geschichte
in Wort und Bild – 50 faszi-
nierende Porträts über Mut,
Ehrgeiz und die Macht der
Kreativität.

ISBN 978-3-7658-1837-0

50 Fragen zu Politik, Gesellschaft, Kunst, Kultur, Technik
und Innovation, erklären die
wichtigsten Ereignisse des
20. Jahrhunderts.

ISBN 978-3-7658-1821-9

Diese großen Gefechte der
Weltgeschichte sollte man
einfach kennen.

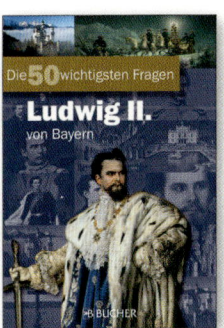

ISBN 978-3-7658-1833-2

50 Fragen führen durch das
bewegte Leben des baye-
rischen »Kini«, erklären Kuri-
oses und nehmen uns mit zu
berühmten Schauplätzen.

ISBN 978-3-7658-1884-4

Pünktlich zum Untergangs-
Jubiläum 2012: Das bewegende
Schicksal des Luxusliners RMS
Titanic in eindrucksvollen
Bildern.

ISBN 978-3-7658-1831-8

Zum 300. Geburtstag Fried-
richs des Großen: alles
Wissenswerte über den
berühmten Preußenkönig in
einem informativem Band.

www.bucher-verlag.de